认识淡淡的痛 抹平无畏的伤

花样年华需自知

主编 拾月
编著 冯军

图书在版编目（C I P）数据

认识淡淡的痛，抹平无畏的伤：花样年华需自知 / 冯军编著. -- 北京：现代出版社, 2014.7（2024.12重印）
ISBN 978-7-5143-2776-2

Ⅰ. ①认… Ⅱ. ①冯… Ⅲ. ①自我评价－青少年读物 Ⅳ. ①B848-49

中国版本图书馆 CIP 数据核字(2014)第 163089 号

认识淡淡的痛，抚平无畏的伤：花样年华需自知

主　　编　拾　月
编　　著　冯　军
责任编辑　王敬一
内文制作　诚美天下文化传播有限公司
出版发行　现代出版社
地　　址　北京朝阳区安外安华里 504 号
邮　　编　100011
电　　话　（010）64267325
传　　真　（010）64245264
邮　　箱　xiandai@cnpitc.com.cn
网　　址　www.1980xd.com
印　　刷　唐山富达印务有限公司
开　　本　700mmx1000mm　1/16
印　　张　9
版　　次　2014 年 8 月第 1 版　2024 年 12 月第 4 次印刷
书　　号　ISBN 978-7-5143-2776-2
定　　价　57.00 元

前言

青少年是社会最宝贵的财富，是人类的希望和未来，正所谓“少年强则国强”。为此，大至一个国家、一个民族，小至一个家庭、一个家族，都特别重视青少年的教育问题。希望他们成为社会的中坚，家族的骄傲。一句话，就是希望他们成为成功的人。于国，能成为有用的人才；于家，能成为顶梁柱。不仅仅要学习好，还要有辨别人世间的善、恶、美、丑的能力。在每个人的人生中，除了需要自身的因素之外，还需要拥有感受世界的能力。

自立、自强，是绝不服输的勇往直前，是毫不妥协命运的坚决。

自尊、自爱，是顶天立地的脊梁，是不容侵犯的尊严。

自警、自谦，是内心深处的自省，是人生旅途中的字字箴言。

自乐、自勉，是快乐的源泉，是前行的无穷动力。

自信、自知，是对自我最准确的定位，是对自我感知最真实的反馈。

青春，是人最美好的一段时光，也是人格、性格定型的重要阶段，在这个时期，我们需要享受青春的快乐，同时也需要完成自我塑造。通过心理自助，最终从一个小男生、小女生逐渐成长为一个有着健全人格的人，成长为一个对社会、对家庭、对自我有着相对完整认知的人，成长为能够为自己的未来做主的人。这才是一个最充实、最有价值的青春。每个梦想都值得我们认真对待，每个青少年都是未来的希望。在青春中我们不仅要有欢乐，同时也要拥有未来！

本丛书是你化解烦恼的“心灵鸡汤”，可以给你快乐的心理自助；本丛书会让你认识到：掌控心理，方能掌控世界；改变自己，才能改变一切。本丛书还将告诉你：只有实现积极的心理自助，才能收获快乐而充实的青春。

目录

第一篇 揭开面纱：竭力遇见真实的自己

第二篇 依靠自己：用喜欢的方式经历美好人生

第三篇 直面自己：接受你所不能改变的事实

目录

第四篇 走出自己：谁都有一个不太和谐的自我

第五篇 做好自己：学会在微笑中获得力量

第一篇

揭开面纱：竭力遇见真实的自己

事实上，很多人都不了解自己，所以，客观地认识自己，是需要一个相当长的时间和认识过程。只有了解自己，才能真正找到发展方向，选择属于自己的道路，这对于未来的发展和成功，有着事半功倍的效果。

很多人，都不是真的了解自己

故事话题

著名的史学家方国瑜小时候除刻苦攻读学堂课程外，还利用节假日跟从和德谦先生学习诗词。他钦佩李白、羡慕苏轼，希望自己有朝一日也能成为一名诗人。但一晃六七年过去了，却始终未能写出一篇像样的诗词。

1923 年，他赴京求学，临行时和德谦先生诵严羽《沧浪诗话•诗辩》篇“诗有别材，非先学也；诗有别趣，非先理也”之句以赠之，指出他生性质朴，缺乏“才”“趣”，不能成为诗人，但如能勉力，“学理”可就，将能成为一个学人。

方国瑜铭记导师教诲，到京后，师从名家，几载治史，开始小有成就，后来著成《广韵声汇》和《困学斋杂著五种》两本书。从此他立定志向，终生致力于祖国史学研究。

每个人都具有自己的某种优势，都有适合自己的工作、事业。人无完人，不可能在每个领域都很突出，在有的方面甚至缺陷十分明显。不同的人，生理素质、心理特点、智能结构等千差万别。有的多条理，善于分析；有的多灵气，富有幻想；有的擅巧计，能于谋略；有的富形相，善于表演。只要比较准确或大致对应地找到自己的目标或方向，你就或早或晚、或近或远会有突出的表现。

著名史学家姜亮夫的经历就说明了这一点。

20 世纪 20 年代，姜亮夫考入清华大学研究院。当时他极想成为“诗人”，把自己在成都高等师范读书时所写的 400 多首诗词整理出来，去请教梁启超先生。不料梁毫不客气地指出他囿于“理性”而无才华，不适宜于文艺创作。

姜亮夫回到寝室用一根火柴将“小集子”化成灰烬。诗人之梦醒了，从此他埋头攻读中国历史、语言、楚辞学、民俗学等，并取得一系列成果。

可谓“失之东隅，收之桑榆”。有的人在未发现自己的才能和专长时，往往做事不得要领，学无成就，做无成果，总是感觉自己很卑微。这可能是因环境条件或形势逼使而不能显示自己的才能，如同黑夜行路，坎坷不平。

故事解析

客观地认识自己，知道自己的长处，找到自己的发展方向，走一条自己的路，这对于未来的发展和你的成功，有着事半功倍的效果。相反，如果在一个你不擅长的方面辛苦拼搏，成效可能不会很大，甚至无功而返。

著名画家保罗·高更曾画过一幅惊动世界的经典作品，“我是谁？我从哪里来？我到哪里去？”表达了一些现代人对自我的迷惑和茫然。因此在科学技术迅速发展的今天，很多人对自己的认识和了解仍然像幼儿园里的孩子，不会去开发自己身上的个性特长。

故事穿越

有一位老师，常常教导他的学生说：人贵有自知之明，做人就要做一个自知的人。唯有自知，方能知人。有个学生在课堂上提问道：“请问老师，您是否知道您自己呢？”

“是呀，我究竟知道我自己吗？”老师想，“嗯，我回去后一定要好好观察、思考、了解一下我自己的个性，我自己的心灵。”

回到家里，老师拿来一面镜子，仔细观察自己的容貌、表情，然后再来分析自己的个性。

首先，他看到了自己亮闪闪的秃顶：“嗯，不错，莎士比亚就有个亮闪闪的秃顶。”他想。

他看到了自己的鹰勾鼻。“嗯，英国大侦探福尔摩斯——世界级的聪明大师就有一个漂亮的鹰勾鼻。”他想。

他看到自己具有一个大长脸：“嘿！大文豪苏轼就有一副大长脸。”他想。

他发现自己个子矮小：“哈哈！鲁迅个子矮小，我也同样矮小。”他想。

他发现自己走路是外八字：“呀，卓别林走路也是外八字！”他终于有了“自知”之明。

“古今中外名人伟人聪明人的特点集于我一身，我是一个不同于一般的人，我将前途无量。”第二天，他对他的学生说。

呜呼，如此“自知”，实为不知。

故事微语

“认识自我”是人类智慧的表现，“改变自我”是人生成功的敲门砖。

如果没有镜子，又不去河边、井底照照，人类可能永远不会知道自己的模样。同样，人不去自观自己，内视自己，不去认认真真的坐下来想一想，是难于了解自己那变化莫测的思维、情绪和自我的表现。

每个人都有一定的性格和思维方式，这种特定的基础决定了一个人的长处和短处。性格和思维方式都是可以塑造的，但是很大的改造是很难的，尤其是随着年龄的增长会越来越难。因此在一定时间内，这些特点都比较稳定。

有的人善于抽象思维，归纳演绎的能力比较强并且又能够沉下心来去研究的，就可以钻研点东西。有的人更喜欢形象思维，可以搞点艺术。有些人愿意跟数字打交道，能够处理复杂的数据；有些人愿意跟机器打交道，能够设计精妙的装置；有些人愿意跟人打交道，善于处理复杂的关系，这些都表现出了人的不同。

了解到了自己喜欢什么不喜欢什么，擅长什么不擅长什么，应该说就是做到了自知的第一步。

心灵箴言

最困难的事情就是认识自己。

——希腊名言

知人者智，自知者明。胜人者有力，自胜者强。

——老子

当你意识到自己是个谦虚的人的时候，你马上就已经不是个谦虚的人了。

—— [俄] 列夫·托尔斯泰

知道自己的长处才能发挥长处

故事话题

有一家做豆腐干的老字号很有名，老板王祥年事已高，想在两个儿子当中选一个做为继承人。可两个儿子互不相让，谁也不服谁，都想接管家族生意。

王祥很犯难，于是让两个儿子先后去店里卖豆腐干，想试试他们各自的能力。

首先去的是大儿子，他一副笑脸，对待顾客非常热情，可是他收钱时马马虎虎，看见熟人便半卖半送。虽然每天来光顾的客人不少，可是收入并没见涨。

王祥又让二儿子去店里，二儿子和他大哥性情正好相反。他不喜欢言笑，来顾客爱买不买他也不招呼，不管是不是熟客价钱一分不让。几天下来，客人少了不少，但是收入并没见降。

王祥更犯难了，两个儿子都有优点和缺点，要怎么选择哪？

几天下来他茶不思饭不想为这事犯愁，可是一时之间并没有想出什么好办法。

一天，他出门办事，途中他路过一家茶社。一个伙计笑脸盈盈地接待了他，让他感觉如进家门。可结账的时候，他发现收钱的伙计分文不让，一点不讲情面。他问茶社老板："你的生意也不是很忙，为啥请了两个伙计，如果只请一个伙计还能节省一些工钱。"

茶社老板说："这样是能节省，可是你看他们一个太热情好说话，一句好话下去钱都可以不要了，让他自己看店我怎么能放心。你再看收款的那个伙计，黑脸黑面，谁的情面也不讲，收钱分文不差。如果让他自己看店顾客还不都被他得罪跑了。而他们在一起看店，相互的优点正好补充了对方的缺点，我便可以安心的做自己的事情了。"

王祥听完顿时恍然大悟，回家后，他让两个儿子一起继承家业，由大儿子负责接待客人，二儿子负责账务。两人职位不分伯仲，分工合作，从此他们家的生意蒸蒸日上。

故事解析

正确认识自己、经营自己的长处；正确评价自己所处的环境，了解自己的长处和短处，并知道自己生活的意义，履行自己的责任，以积极心态去解决困难。

每个人都有潜在的才能，只不过有时自己和别人没有发现而已，知道自己在某个方面很优越，不仅使你充满自信，而且会让你拥有一块立身之地，不要丢掉自己的兴趣和长项，否则你会处处不如意，以自己的短处去谋生，你会被贬的一文不值，宝贝放错了地方就是废物。外面的世界很精彩，也很无奈。互补短长，扬长避短。

故事穿越

一个穷困潦倒的青年，流浪到巴黎，期望父亲的朋友能帮自己找一份谋生的差事。

“数学精通吗？”父亲的朋友问他。

青年羞涩地摇头。

“历史、地理怎么样？”

青年还是不好意思地摇头。

“那法律呢？”

青年窘迫地垂下头。

“会计怎么样？”

父亲的朋友接连地发问，青年都只能摇头告诉对方——自己似乎一无所长，连丝毫的优点也找不出来。

“那你先把自己的住址写下来吧，我总得帮你找一份事做呀。”

青年羞愧地写下了自己的住址，急忙转身要走，却被父亲的朋友一把拉住了：“年轻人，你的名字写得很漂亮嘛，这就是你的优点啊，你不该只满足找一份糊口的工作。”

把名字写好也算一个优点？青

年在对方眼里看到了肯定的答案。

哦，我能把名字写得叫人称赞，那我就能把字写漂亮，能把字写漂亮，我就能把文章写得好看……受到鼓励的青年，一点点地放大着自己的优点，兴奋得他脚步立刻轻松起来。

数年后，青年果然写出了享誉世界的经典作品，他就是家喻户晓的法国 18 世纪著名作家大仲马。

故事微语

世间许多平凡之辈，都拥有一些诸如“能把名字写好”这类小小的优点，但由于自卑等原因常常被忽略了，更不要说是一点点地放大它了，这实在是人生的遗憾。须知：每个平淡无奇的生命中，都蕴藏着一座金矿，只要肯挖掘，沿着哪怕是微乎其微的一丝优点的暗示，也会挖出令自己都惊讶不已的宝藏……

人有十指，长短不齐，谁优谁劣，众说纷纭。只有各自发挥自己的长处，才会协调合作成功。尺有所短，寸有所长。我们能用大拇指和示指固定筷子，却不能用它们掏耳朵。就像擅长短跑的兔子，不让其发挥特长，而去学游泳，无异于缘木求鱼，只会抑其天性，反害其发展。

人亦如此。古今中外，名人志士，谁是十全十美的人？但他们的弱点，却不使他们身上的光芒黯淡，却令其流芳百世。

在现代社会里，人们总说要全面发展，便注目于自己的短处和弱点，费尽心思，以求全面发展，却往往收效甚微，甚至会阻碍未来自我的发展完善。我们要发挥自己的特长，各尽其能，社会才会认同你的价值，才能创造出自己的天地。如那“不思进取”的韩寒，满脑子叛逆思想，但凭其出色的文学才华而成为文坛后起之秀；还有那年少轻狂、但却是世界台球天才的丁俊晖，他们不是所谓的“好”学生和“全才”，却依然创造出奇迹，开辟出属于自己的天地。

所以要扬我其长，拥有“舍我其谁”的自信，雄鹰就博击长空，游鱼就遨翔潜底，是颗螺丝钉就坚守自我的位置，各尽其能，发挥所长，风景这边独好，顺乎自我本性，怀有一技之长，成就别样精彩的风景。

心灵箴言

瑕不掩瑜，瑜不掩瑕。

—— 戴圣

人有所犹，固有所劣；人有所工，固有所拙。

——王允

自信与骄傲有异；自信者常沉着，而骄傲者常浮扬。

—— 梁启超

人生不是落叶匆匆，不要轻易否定自己

故事话题

一天，沙哈尔老师接到了一个电话，是一位上高中的女孩打来的。女孩在电话里跟沙哈尔老师谈了自己的学业、人际关系，也谈了自己和父母亲的关系，总之，她的谈话中心只有一个——“我真的什么都不行！”她很压抑，也很痛苦。

“是这样吗？”沙哈尔老师问。

“是的。我和同学关系非常不好，大家都不喜欢我。我的学习成绩很一般，老师对我视而不见。妈妈把希望寄托在我身上，我无法满足她的愿望。我喜欢的男孩不再喜欢我了，我的生活里没有阳光……”女孩好像对什么都失去了希望。

“那你为什么要打这个电话？”沙哈尔老师追问。

“不知道，也许是想找个人说说话吧！”女孩继续说着对自己的负面评价：不会和人打交道、不想聊天、不想上学、幼稚乏味、什么都不懂……沙哈尔老师很纳闷：一个女孩为什么要把自己说得如此不堪呢？

经过进一步的交谈，沙哈尔老师了解到女孩的父母都是老师，因而对她的要求很高，很多却是她无法实现的。在家的时候，父母经常指出她的不足，对她加以指责。慢慢地，女孩就觉得自己什么都不行。经过一番交谈，沙哈尔老师终于明白了她的问题所在——缺乏鼓励！一个人如果长期得不到鼓励和肯定，生活在被否定的环境中，那结果就会是——自我否定，认为自己真的什么都不行。

在电话里，沙哈尔老师帮助那位女孩找到了她的许多优点和特长——有上进心、是个懂事的孩子、说话声音很好听、很有礼貌、语言表达能力强、做事情认真、能够和人沟通……“你看看，我们才聊了多一会儿，我就发现称有这么多的优点，你怎么还能说自己什么都不行呢?”沙哈尔老师说。

“这能算优点吗?没有人这样说过呀!”女孩惊讶地说。“从今天开始，请把你的优点写下来，至少要写满 10 条。然后，每天大声念几遍，你的自信心舍慢慢回来。要是发现有了新的优点，别忘了一定要加上去呀!”

女孩高兴地答应着，轻松地放下了电话。

在第二天的课上，沙哈尔老师给他的学生讲了这个女孩的故事，说完之后，他很严肃地告诉学生：“在我们的身边，可能也有很多人像那个女孩那样，觉得自己什么都不行。但是，我希望你们今天听了这堂课之后，彻底打消那种念头。无论什么时候，在做任何事情之前，都不要急于否定自己。”

故事解析

在我们的身边，经常有这样的声音，“我不能”“我不行”，甚至成了一些人的口头禅。难道就真的是一无是处吗？怎么可以经常把“我不行”、“我不能”挂在嘴边，这是十分愚蠢的做法。

心理暗示的作用是巨大的，认为自己“不行”就相当于给了自己一个消极的心理暗示，你的意识就会接受这个指令，只要你的意识下命令，你的潜意识就不会和你争辩——它会完全接受这个命令，它像个无知的小孩，听不借“玩笑”话——从而“我不行”就会逐渐地渗入到你的潜意识中，时间长了，你真的就会朝着那个方向发展。

如果一个人长期被这样的情绪所笼罩，就会很容易出现情绪低落、郁郁寡欢的现象，这样的人常会因为害怕别人看不起自己而不愿意与人来往，只想与人疏远，他们缺少朋友、顾影自怜，甚至会产生一些内疚、自责的自卑心理。这样的人，与其说是消极，倒不如说是对自己要求得过高了，他们很难享受到生活的乐趣。

如果一个人总是沉浸在“我总是不能做到最好”这样的阴影中，那就无异于给自己套上了无形的枷锁。否定自己，就像是在心底扎下的木桩，让自己的心灵沉重不堪，也阻碍了自己与外界的自由联通。如果能够认清自己并且相信自己的话，拔掉心底的木桩，懂得换一个角度来看待周围的世界和自己的困境，那么很多的事情就可以迎刃而解了。

故事穿越

沩山灵佑禅师正在打坐，弟子仰山禅师走了进来，沩山对仰山道：“喂！你快点说啊，不要等死了以后，想说也无法说了。”

仰山回答道：“我连信仰都不要，还有什么说不说？”

沩山加重语气问道：“你是相信了之后不要呢？还是因为不相信才不要呢？”

仰山：“除了我自己以外，还能信个什么？”

沩山：“如果是这样的话，那也只是一个讲究禅定的小乘人罢了。”

仰山：“小乘就小乘，我连佛也不要见。”

沩山：“四十卷《涅槃经》中，有多少是佛说的？有多少是魔说的？现在你所说，是如佛说？还是如魔说？”

仰山：“都是魔说的！”

沩山老师听了弟子这番话，满意地点头道：

“今后，没人能奈何你了。”

“肯定自己”这是禅者的一大课题！真正的禅者，“不向如来行处行”。世间上能改变人的东西太多了，金钱可以改变人，感情可以改变人，思想可以改变人，威力可以改变人。而今仰山禅师的禅，超越信仰，超越对待，“一切都是魔说的”，如此肯定自己，还有什么能奈何他呢？

故事微语

人往往非常在意自己的缺点，甚至，有很多人认为自己一无是处，是个无用之人，就像童话故事中的“丑小鸭”。

要能够自我肯定，这样，你就成功八成了。

冷静分析一下自己现今所处的情况，并且细心列举出自己的

长处和短处，这样你就可以发现自己过去不曾注意到的优点了。

假如你过去天天生活在愁苦中的话，现在还有改变方式的机会，只要你立刻纠正自己的观念，就会出现巨大转变。

心灵箴言

我们应该有恒心，尤其要有自信心。

——[波兰] 居里夫人

先相信自己，然后别人才会相信你。

——[法] 罗曼·罗兰

自暴自弃，这是一条永远腐蚀和啃噬着心灵的毒蛇，它吸走心灵的新鲜血液，并在其中注入厌世和绝望的毒汁。

——[德] 马克思

保持清醒，才不会偏离人生航道

故事话题

一只猫饱餐了一顿，顾不上洗脸，鼻子上还沾着奶油，打了一个哈欠，伸一个懒腰呼呼睡着了。

这时一只饥肠辘辘的老鼠，寻着奶油的香味，来不及看清周围的境况，莽莽撞撞张开嘴就咬，“哎哟！”一声惨叫，被疼痛惊醒的猫，没弄清怎么回事，早已逃之夭夭。

消息传开，这位莽撞老鼠在鼠国家喻户晓，它被同伴们视为无畏的勇士，是鼠类的骄傲。

“您为我们出了一口气，以前只有我们见猫就逃的事，今天竟然是猫逃走了。在我们鼠类历史上还是第一次，您将永垂史册。”从此，无论这位鼠英雄走到哪里，哪里都有鲜花和欢呼围绕，漂亮的鼠小姐们对他频送秋波，脉脉含情。就这样，这位英雄也慢慢相信自己是猫的克星，趾高气扬。

没过多长时间，这只鼠勇士又碰上了那只倒霉的猫，它暗自高兴，这次又可以大显身手，再给猫一个重创，抓瞎它的眼睛，用更大的胜利赢得更高的荣誉与尊敬。可是它怎能是猫的对手，不仅没占着便宜，反而是遍体鳞伤，尾巴也被咬了半截。若不是躲过一劫。凭借一点机灵，险些性命难保。

消息又轰动了整个鼠国。这次却不是用鲜花和欢呼欢迎，而是铺天盖地的咒骂和唾沫：“懦夫！小丑！真是丢脸……”往日的英雄再没有人理睬，别说老鼠姑娘们的青睐，就是走路也得藏着半截尾巴，低着脑袋。

偶尔的胜利决不是必然的结果，面对批评和赞美，最重要的是保持清醒头脑，不能自我膨胀，更不能忘乎所以。过于在乎别人的评价，就会永远生活在别人的评论中。过于欣喜一时的成就，成就必将成为你前进的负累。

故事解析

人，无论在做任何事情都要保持清醒的头脑和健康的体魄。

清醒的头脑是让你看清形势，从纷乱中找到头绪，保持冷静，不要让自己冲动，不要感情用事，要心平气和的对待和处理事情。

保持清醒不但可以让你乐观的生活，还可以让你幸福的生活。清醒对人非常的重要，不管是夏天，还是冬天，不管是少年，还是老年。清醒就像你洗浴后一样让你感到舒服，那种快乐和幸福是无法用语言说出来的，它给人的感觉是妙不可言。

清醒就像一杯淡淡的清茶，值得你去品尝，值得你去回味。如果你头脑永远都是清醒的，那么你一定是个与众不同的人，是个成功的人，而且是绝对的成功，没有理由，也找不到理由不成功。

保持清醒就是让你少犯一些错误，如何避开人生的难题，用什么样的方法才能够在绝境中求生存，才能够在茫茫人海中昙花一现。

保持清醒不但是事业的需要，还是人生成功的保障。

故事穿越

故事一：

元代学者许衡一日外出，因天气炎热，口渴难忍。这时，他看到路边有一棵梨树，行人纷纷过去摘梨，唯独他不为所动。

有人便问："何不摘梨以解渴呢？"

他回答道："不是自己的梨，岂能乱摘！"

那人笑其迂腐："世道这样乱，管他是谁的梨呢？"

许衡正色道："梨虽无主，我心有主！"这种准则何止是一种清醒。

故事二：

1775年6月，美国独立战争爆发几星期后，约翰·亚当斯提名乔治·华盛顿为陆军总司令的候选人。后来，议会

一致投票赞成亚当斯的提名。

然而，当时年仅34岁的华盛顿“眼睛闪烁着泪花”，对人们说了这样一句话：“这将成为我的声誉日益下降的开始。”这种认识难道说不是一种清醒？

故事三：

18世纪末的维也纳，是音乐气氛最浓的城市。在显赫贵族的客厅里，音乐表演成了一件高雅和时髦的事。所以贝多芬也就经常处在贵族及拥有各种头衔人物的包围之中，可他总是高高昂起他那狮子般粗犷的大头颅，从不献媚于任何人。

一次，在利西诺夫斯基公爵的庄园里，来了几位“尊贵”的客人。这几个不是别人，正是占领了维也纳的法国部队的军官。公爵为了取悦这几位来宾，便非常客气地请求贝多芬为客人们演奏一曲。但贝多芬断然地拒绝了。

当公爵由请求转为要求的时候，贝多芬愤怒到了极点。他一声不响，猛地推开客厅的门，在倾盆大雨中愤然离去。

回到住处，他把利西诺夫斯基公爵给他的雕像摔了个粉碎，并写了一封信：公爵，你所以成为一个公爵，只是由于偶然的出身；而我之所以成为贝多芬，完全是靠我自己。公爵现在有的是，将来也有很多，而贝多芬只有一个。

故事微语

“梨虽无主，我心有主！”这种准则何止是一种清醒！华盛顿的“这将成为我的声誉日益下降的开始”更是一种清醒！而贝多芬的清醒也表现得那么淋漓尽致。

清醒，说说容易，可做起来却是难上加难。在名利的诱惑面前，能否保持头脑的清醒呢？在困难和压力面前，能否保持一颗纯净的心灵？至少我们应该问一问自己：是否缺乏这种自信？一个朋友说过这样一句话：“清醒是一种责任！”那我们不妨就应该尽一尽这种责任。

心灵箴言

从梦幻中清醒过来是多大的幸福呀！

——［法］雨果

清醒之时心里事，沉醉之时口中言。

——［英］约·黎里

不要觉得你个人很重要，没有了你太阳明天照样会升起来。

——墨非

自知之明就是看清万物的能力

故事话题

清乾隆时期，有人上书皇帝说，顺天府乡试贡院大殿匾额上的三个大字“至公堂”是严嵩所书。顺天府乡试为“北闱”，乃天下乡试第一，在这样一个为国家选拔俊才的堂皇之所，竟然悬挂的是大明奸臣的手笔，一是显得我大清无人，另外也不利于树立以德治国的导向。乾隆一听有理，便下令满朝能书者写这三个大字，选出最好的以代替之。

除了让别人书写，乾隆自己也禁不住提起笔来。他素来好舞文弄墨，每到一地、每经一事都要吟诗作赋、题字正是随手挥洒，至今乾隆留存下来的诗有一万多首，虽说精品不多，但身为皇帝，才气已然相当不错。他的书法师法颜真卿、柳公权、赵子昂、董其昌等的正统书法风格，雄浑、厚重，充满阳刚大气的帝王之气象，在今天看来，也是难得的上品之作。

等收集了满朝文臣所书的作品，又加之自己的御笔，经认真比对之后，发现没有一件可与严嵩所书三个字相比。乾隆叹口气，下令将所有作品尽毁，仍然让奸臣的字高高悬挂。

以乾隆一生的成就，他该是一个十分骄傲的人，但面对前明奸臣严嵩的题字，他竟然能就书法论书法，没有因人废字，又表现出难得的清醒，这份自知之明，恰是他能成为开创盛世帝国的最好注解。

故事解析

人贵有自知之明。可怕的自我陶醉比公开的挑战更危险。自以为是者不足，自以为明者不明。自明，然后能明人。流星一旦在灿烂的星空中炫耀自己的光亮时，也就结束了自己的一切。自高必危，自满必溢。胜时自己就认为完美无缺，成就大就居功自傲，名声高即目中无人。在这方面古人有经典论述，“三人行，必有我师焉”，“知人者智，自知者明”。

人贵有自知之明，难得真正了解自己，战胜自己，驾驭自己。自以为自知同真正自知不同，自以为了解自己是大多数人容易犯的毛病，真正了解自己是少数人的明智。人生如秤：对自己的评价秤轻了容易自卑；秤重了又容易自大；只有秤准了，才能实事求是、恰如其分地感知自我，完善自我，对自己了然于心，知道自己能吃几碗干饭，有几许价值，才能做到自知之明。可现实中人们常常秤重自己，过于自信和自重，总觉得高人一等，办事忽左忽右，不知轻重，而造成不必要的尴尬和悲剧。当然也有秤轻自己的人，其表现为往往自轻和自贱，多委靡少进取，总以为自不如人，自惭形秽，而经常处于无限的悲苦之中。

古人云：“吾日三省吾身。”就是说，自知之明来源于自我修养和自我慎独。因为自省才能自制自律，自律才能自尊自重，自重才能自信自立。自尊为气节，自知为智慧，自制为修养。人具备了自知之明的胸臆和襟怀，其人格顶天立地，其行为不卑不亢，其品德上下称道，其事业左右逢源。在人生道路上，就能经常解剖自己，自勉自励，改正缺点，量知而思，量力而行，及时把握机遇，不断创造人生的辉煌。

故事穿越

齐威王的相国邹忌长得相貌堂堂，身高8尺，体格魁梧，十分漂亮。与邹忌同住一城的徐公也长得一表人才，是齐国有名的美男子。

一天早晨，邹忌起床后，穿好衣服、戴好帽子，信步走到镜子面前仔细端详全身的装束和自己的模样。他觉得自己长得的确与众不同、高人一等，于是随口问妻子说：“你看，我跟城北的徐公比起来，谁更漂亮？”

他的妻子走上前去，一边帮他整理衣襟，一边回答说：“您长得多漂

亮啊，那徐先生怎么能跟您比呢？”

邹忌心里不大相信，因为住在城北的徐公是大家公认的美男子，自己恐怕还比不上他，所以他又问他的妾，说：“我和城北徐公相比，谁漂亮些呢？”

他的妾连忙说：“大人您比徐公漂亮多了，他哪能和大人相比呢？”

第二天，有位客人来访，邹忌陪他坐着聊天，想起昨天的事，就顺便又问客人说：“您看我和城北徐公相比，谁漂亮？”客人毫不犹豫地说：“徐公比不上您，您比他漂亮多了。”

邹忌如此作了三次调查，大家一致都认为他比徐公漂亮。可是邹忌是个有头脑的人，并没有就此沾沾自喜，认为自己真的比徐公漂亮。

恰巧过了一天，城北徐公到邹忌家登门拜访。邹忌第一眼就被徐公那气宇轩昂、光彩照人的形象怔住了。两人交谈的时候，邹忌不住地打量着徐公。他自觉自己长得不如徐公。为了证实这一结论，他偷偷从镜子里面看看自己，再调过头来瞧瞧徐公，结果更觉得自己长得比徐公差。

晚上，邹忌躺在床上，反复地思考着这件事。既然自己长得不如徐公，为什么妻、妾和那个客人却都说自己比徐公漂亮呢？想到最后，他总

算找到了问题的结论。邹忌自言自语地说：“原来这些人都是在恭维我啊！妻子说我美，是因为偏爱我；妾说我美，是因为害怕我；客人说我美，是因为有求于我。看起来，我是受了身边人的恭维赞扬而认不清真正的自我了。”

故事微语

这则寓言告诉我们，人在一片赞扬声里一定要保持清醒的头脑，特别是居于领导地位的人，更要有自知之明，才能不至于迷失方向。

“人贵自知”这四个字是金石良言。不是叫你自卑，而是要你清醒。成为别人的笑柄事小，毁了自己事大。然而，没有自知之明的人，也许永远都不知道自己是没有自知之明的。他们还不够聪明去了解自己。

一个人只有了解了自己，才能去了解别人；但了解自己的前提是要有“自知之明”，要清楚地了解自己是个什么样的人，才能正确地对自己作出评价。没有自知之明的人，不可能了解自己，更谈不上了解别人。正确认识自己是了解别人的前提。

心灵箴言

自知者为明。

—— 韩愈

天下无万能的人，人贵有自知之明。

——邹韬奋

蠢材妄自尊大，他自鸣得意的，正好是受人讥笑奚落的短处，而且往往把应该引为奇耻大辱的事，大吹大擂。

—[俄] 克雷洛夫

第二篇

依靠自己：用喜欢的方式经历美好人生

无论做什么，我们都得依靠自己。踩着别人的脚印走，不一定是万无一失的！在这世界上只有自己才能帮助自己东山再起，也只有自己才能认识到自己的价值。有了自信，才能充分认识自己使自己能够承受各种考验、挫折和失败敢于去争取最后的胜利。

请不要傻傻地和自己过不去

故事话题

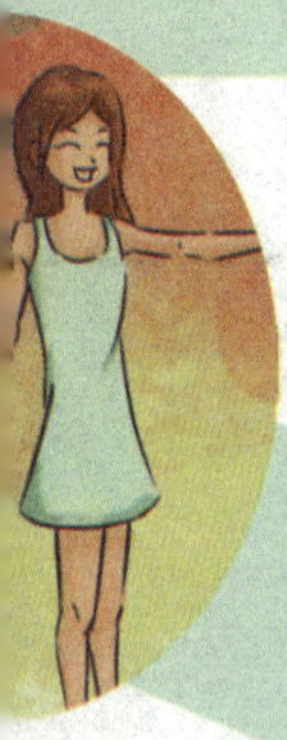

唐代的一位高僧慧宗禅师，他非常喜爱兰花，在寺院栽植了数十盆兰花。

有一回，他要到外地云游，临行前吩咐弟子看护好寺院里的兰花。弟子们深知兰花在禅师心里的重要性，因此侍弄兰花格外精心。但一天深夜，狂风大作，暴雨如注，偏偏当晚的弟子一时疏忽将兰花遗忘在了户外。

第二天清晨，弟子们看到的是遍地狼藉，倾倒的花架，破碎的花盆，棵棵兰花蔫头耷拉脑，看来是生还无望了，他们提心吊胆地等待着师傅回来，等待接受师父的责罚。

几天后，慧宗禅师回来了，看到那些残败的兰花，他泰然自若，神态依然是那样平静安详，他没有责怪弟子们，而是宽慰他们说：“当初，我不是为了生气而种兰花的。”

就这么一句平淡无奇的话，在场的弟子们听后，个个肃然起敬之余，更是如醍醐灌顶，顿时大彻大悟……

故事解析

这故事给我们的启示是要学会坦然接受生活给予我们的一切，包括生命中留下的挫折、失败、遗憾、失误，像慧宗禅师那样不为物役，不自设藩篱，不自寻烦恼，人生不如意事常八九，无论发生了什么事，都不要埋怨，更不必生气，不要和自己过不去，也许我们应该感谢那些缺憾，因为它让我们懂得珍惜，懂得面对，懂得自制，把不如意的事当做人生的一种历练吧，幸福不过是人生的一个驿站，而痛苦才是人生的整个过程。

生活中，我们每一个人都有自个的性情，许多的时候，我们会感受到自己的生活不充足，自己欠缺得太多，自己处处不如别人，于是就感到心里很痛苦。此刻，我们应该学会安慰自己，不要和自己过不去。

人穷不能志短。物质贫乏不可怕，可怕的是心理贫困。贫困常与潦倒相连，人穷常与志短想关，心理贫困，富也会沦为贫穷，心理富足，穷也能转为富裕。物质贫乏加上万念俱灰，会很快摧毁一个人的身体，自信自强，虽暂时物质贫乏，但好日子也会很快到来，人穷志不短，自强不息。

故事穿越

宋初，一位名叫高防的名将，他的父亲战死沙场，16 岁时他被澶州防御使张从恩收养，后来做了军中的判官。有一次，一个名叫段洪进的军校偷了公家的木头打家具，被人抓获。张从恩大怒。

为严肃军纪，下令要处死段洪进以警众人。在情急之时为了活命的段洪进编造谎言，说是高防让他干的。本来高防还准备为其说情减罪，但现在自己也被他牵连进去，不仅失去了说话的机会，自己还蒙上不白之冤，那个气啊！

但转念一想，军校出此下策也是出于无奈，想到凭自己与张从恩的私交，应承下来，虽然自己名誉受损，但能救下军校的性命也是值得的。所以当张从恩问高防是否属实时，高防就屈认了，结果军校段洪进免于一死，可张从恩从此不再信任高防，并找籍口把高防打发回家。

高防也不做任何解释，便辞别恩人独自离开了。

直到年底，张从恩无意中得知了事情的真相，才明白高是为了救段一命，代人受过。于是张从恩专程派人把高防又请回军营任职。云开雾散之后，高防不但没有丧失自己的生存空间，而且获得了更多人的尊重。

故事微语

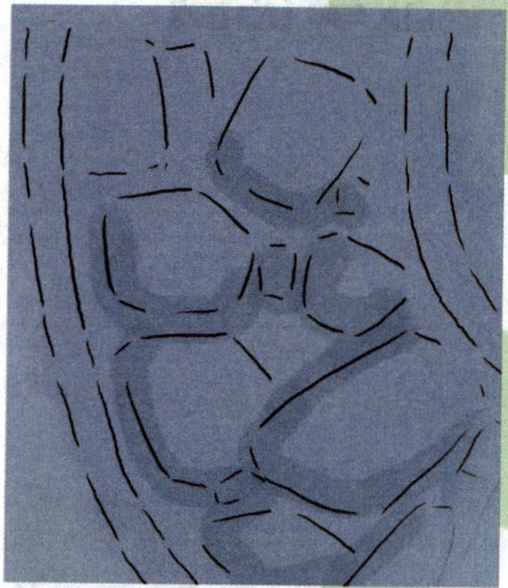

人的一生，要遇到许许多多不公平的事，如果面对每件事都烦恼，生气，痛苦，那么还有什么快乐而言呢？有位哲人说过：“我不气，生气是拿别人的错误惩罚自己。”不生气，正是我们面对这些不公、不平之事所应有的态度。

别让自己太受累。累了，就歇一会儿，学着放松自己，给自己一点时间去休息，是谓享受人生。

别跟自己过不去，是一种精神的超脱，它会促使我们从容地走自己选择的路，做自己喜欢的事。太多的人悲叹生命的有限和生活的艰辛，却只有极少数人能在有限的生命中活出自己的快乐。一个人快乐与否，主要取决于什么呢？主要取决于一种心态，特别是如何善待自己的一种心态。

人生苦短，不要和自己过不去。给自己一块空间，来打造人生的辉煌和精彩；给自己一片天地，来容纳世间一切不如意之事；给自己一点时间，让心在最温暖的地方得到憩息。

总有一个角落，属于自己；总有一片天地，放飞心情。

心灵箴言

不登高山，不知天之大；不临深谷，不知地之厚也。

——荀况

学者须先立志。今日所以悠悠者，只是把学问不曾做一件事看，遇事则且胡乱恁地打过了，此只是志不立。

——朱熹

哪有斩不掉的荆棘？哪有打不死的豺虎？哪有推不翻的山岳？你必须奋斗着，勇猛地奋斗着，胜利就是你的。

——邓中夏

相信自己，你就是命运之神

故事话题

有一位顶尖级的杂技高手，一次，他参加了一个极具挑战的演出，这次演出的主题是在两座山之间的悬崖上架一条钢丝，而他的表演节目是从钢丝的这边走到另一边。

演出就要开始了，整座山聚满了观众，当中有记者、有主办单位、赞助商和看热闹的人群。这时，只见杂技高手走到悬在山上钢丝的一头，然后用眼睛注视着前方的目标，并伸开双臂，第一步、二步、三步，慢慢的杂技高手终于顺利的走了过去，这时，整座山响起了热烈的掌声和欢呼声。

"我要再表演一次，这次我要绑住我的双手走到另一边，你们相信我吗可以做到吗？"杂技高手对所有的人说。我们知道走钢丝靠的是双手的平衡，而他竟然要把双手绑上。但是，因为大家都想知道结果，所以都说："我们相信你的，你是最棒的！"杂技高手真的用绳子绑住了双手，然后用同样的方式一步、两步终于又走了过去，"太棒了，太不可思议了"所有的人都报于热烈的掌声。但没想到的是杂技高手又对所有的人说："我再表演一次，这次我同样绑住双手然后把眼睛蒙上，你们相信我可以走过去吗？"所有的人都说："我们相信你！你是最棒的！你一定可以做到的！"

杂技高手从身上拿出一块黑布蒙住了眼睛用脚慢慢的摸索到钢丝，然后一步一步的往前走，所有的人都屏住呼吸为他捏一把汗。

终于，他走过去了！掌声雷动！"你真棒！你是最棒的！你是世界第一！"所有的人都在呐喊着。

表演好象还没有结束，只见杂技高手从人群中找到一个孩子，然后对所有的人说："这是我的儿子，我要把他放到我的肩膀上，我同样还是绑住双手蒙住眼睛走到钢丝的另一边，你们相信我吗？"所有的人都说："我们相信你！你是最棒的！你一定可以走过去的！"

"真的相信我吗？"杂技高手问道；

"相信你！真的相信你！"所有的人都说；

“我再问一次，你们真的相信我吗？”

“相信！绝对相信你！你是最棒的！”所有的大声回答；

“那好，既然你们都相信我，那我把我的儿子放下来，换上你们的孩子，有愿意的吗？”杂技高手说。

这时，整座上鸦雀无声，再也没有人敢说相信了。

故事解析

在我们现实工作中，许多人都会说：我相信我自己，我是最棒的！当我们在喊这些口号时，我们是否真的相信自己？我们会不会一出门后或遇到一点困难就忘掉刚才所喊的这句话呢？

只有自己真的相信，才能让别人相信你。

只有自己感动了，才能感动别人。

我们首先要相信自己、这样才会从中找到感觉，感觉好了，才会有行动的欲望，行动多了，才会有经验，经验有丰富了，才会出业绩，有了业绩就会更加相信，从而找到更好的感觉，更积极的行动……

故事穿越

美国，有一个名叫克洛尔的推销员，他胆小，身体差，个子又不高，没有一点儿优势，所以他对自己的将来要求不高。长大后，他当了一名推销员，由于自身原因，他的业绩并不好。每次，他出门的时候，母亲总对他说：“克洛尔，当你在为别人做事时，就要全力以赴，如果你不能的话，那就干脆不做。”但克洛尔不是对自己的将来没报什么奢望，只希望不要再比别人差。

有一次，公司经理要他去培训，不然就要开除他。克洛尔沮丧地寻找哪里有培训班。最后他报名参加由梅里尔指导的培训班。一个月后，培训结束，梅里尔找到克洛尔，“你知道吗？我观察了你一个月了，我从未见过这样浪费人才的。”克洛尔很震惊，问为什么。梅里尔说：“你很有能力，但是你却把自己的位子定得太低。如果你投入工作，相信自己的能力，总有一天你会成功

的，一定会成为一个了不起的人。”

克洛尔太惊讶了。从小到大，除了他母亲，没有别人鼓励过他，现在梅里尔的一席话胜过了他母亲多年前对他的鼓励。其实他并没有从培训中学到什么特殊的技巧，只记住了老师的这番话。后来，对生活他不再满足于现状，他相信他的能力足以让他成为一个有名的人物，他相信自己一定会成功的。他经常用成功者的头脑思考，用成功者的心态面对生活。两年后，他成了公司最年轻的地区主管人。

故事微语

一个人如果连自己都不相信，那就会丧失了信心，形同一具残存的躯壳存留于世，如枯槁一样，没血没肉，没魂没神。似那病蔫地花朵，只有随风飘零，任行人踏碎成泥，湮没在行人脚下。当然，人不至于死，但已没有生活的激情，活着只是为了混日子。

或许，某个哲人说得好：“为吃饭而活着，为活着而吃饭”。前者就是丧失信心的人，为吃饭而延续着生命，做和尚撞钟，过天算天的人。而后者是有信心的人，有理想有抱负的人，他来到这个世界，不是为简单的吃饭而来，还是为活着而来。

活着就应该要做些事，做事首先就得要有信心，有信心必须就得相信自己。

相信自己，顶着风和雨，迈过坎坷，走过山洼，趟过沟河，历经艰辛和万难，闯过戈壁沙漠，最终能够到达梦的彼岸，寻求生活的真谛，索求期待已久的幸福。

心灵箴言

自信是英雄的本质。

——[美] 爱默生

才能就是相信自己，相信自己的力量。

——[苏联] 高尔基

坚信自己的思想，相信自己心里认准的东西也一定适合于他人这就是天才。

——[美] 爱默生

有一种缺陷叫依赖他人

故事话题

一天，大仲马得知他的儿子小仲马寄出的稿子总是碰壁，便对小仲马说：如果你能在寄稿时随稿给编辑附上一封短信，或者只是一句话，说“我是大仲马的儿子”，或许情况就会好多了。

小仲马固执地说：不我不想坐在您的肩头上摘苹果，那样摘的苹果没有味道。

年轻的小仲马不但拒绝以父亲的盛名做自己事业的敲门砖，而且不露声色地给自己取了十几个其他姓氏的笔名，以避免那些编辑们把他和大名鼎鼎的父亲联系起来。

面对那些冷酷而无情的一张张退稿笺，小仲马没有沮丧，仍在不露声色地坚持创作自己的作品。他的长篇小说《茶花女》寄出后，终于以其绝妙的构思和精彩的文笔，震撼了一位资深编辑。这位知名编辑曾和大仲马有着多年书信来往。他看到寄稿人的地址同大作家大仲马的丝毫不差，怀疑是大仲马另取的笔名。但作品的风格却和大仲马的截然不同。带着这种兴奋和疑问他迫不急待地乘车去造访大仲马家。

令他大吃一惊的是，《茶花女》这部伟大的作品作者竟是大仲马名不见经传的年轻儿子小仲马。他对小仲马说：“您为何不在稿子上署您的真实姓名呢？”老编辑疑惑地问小仲马。

小仲马的回答竟然是说：“我只想拥有真实的高度。”

老编辑对小仲马的做法赞叹不已。

《茶花女》出版后，法国文坛书评家一致认为这部作品的价值大大超越了大仲马的代表作《基督山恩仇记》，小仲马一时声名鹊起。

故事解析

在我们国家，拿着父亲的头衔当令箭的官二代比比皆是。还有的富家子弟也常常拿着父亲的名誉和财富到处炫耀。

然而很多有出息的子女却不靠父母出名。小仲马便是。

自己努力得来的果实才是光彩的，借别人的名望来显示自己，那只是个人的一种愚蠢的做法。小仲马的父亲是那么的出名，如果他想借助父亲的威望来发稿子，想必在短时间内就能声名鹊起。但他并没有这么做。他希望通过自己的真实本领去取得人们的认可，当然，也正是因为小仲马这种自强不息的精神，造就了他不断努力的品质，最终将自己磨练成为一名并不比父亲差的出色的作家。

在这世界上只有自己才能帮助自己东山再起，也只有自己才能认识到自己的价值。有了自信才能充分认识自己，使自己能够承受各种考验、挫折和失败敢于去争取最后的胜利。

故事穿越

一个一周岁左右的小男孩被年轻的妈妈牵着小手，来到公园的广场前，他要上有十几个阶梯的台阶了，小男孩却挣脱开妈妈的手，他要自己爬上去。他用胖胖的小手向上爬，他的妈妈也没有抱他上去的意思。当爬上两个台阶时他就感到台阶很高，回头瞅一眼妈妈，妈妈没有伸手去扶他的意思，只是眼睛里充满了慈爱和鼓励。

小男孩又抬头向上瞅了瞅，他放弃了让妈妈抱的想法，还是手脚并用小心地向上爬。他爬得很吃力，小屁股抬得老高，小脸蛋也累得通红，那身娃娃服也被弄得都是土，小手也脏乎乎的，但他最终爬上去了。年轻的妈妈这才上前拍拍儿子身上的土，在那通红的小脸蛋上亲了一口。

这个小男孩，就是后来成为美国第十六届总统的林肯。他的母亲便是南希?汉克斯。

故事微语

林肯在一周岁的时候就尝试着摆脱父亲搀扶自己行走，这让年纪不小依然依赖父母的人感到羞愧。当下很多孩子都离不开父母的臂弯，有父母这株参天大树给遮风遮雨，自己必然逐渐养成什么都不会做的习惯。但是想要更好地在社会中成长和发展，你必须要尝试离开父母，自己打拼获得属于自己的一片天地。所谓人人当自强就是这个道理。

从长远的观点看问题，任何事物发展的根本原因不在事物的外部而在事物的内部；外因是变化的条件内因是变化的根据。

在这个意义上可以说，人人都是自己命运的设计师，最可依靠的不是别人的权力和威望，而是自己的力量。“滴自己的汗吃自己的饭。自己的事自己干。靠人靠天靠祖上不算是好汉。”陶行知的这些话强调了千靠万靠不如自靠的观点。

心灵箴言

每个人都有靠自己的本事而受人尊重的。

——[希腊] 伊索

成功之路有两条：靠自己的努力或靠他人的愚蠢。

——[法] 拉布吕耶尔

我们虽可以靠父母和亲戚的庇护而成长，倚赖兄弟和好友借交游的扶助，因爱人而得到幸福，但是，无论怎样归根结底人类还是依赖自己。

——[德] 歌德

有信念的翅膀才有成功的掌声

故事话题

有一个女孩，没考上大学，被安排在本村的小学教书。由于讲不清数学题，不到一周就被学生轰下了台。母亲为她擦了擦眼泪，安慰说，满肚子的东西，有人倒得出来，有人倒不出来，没必要为这个伤心，也许有更适合你的事情等着你去做。

后来，她又随本村的伙伴一起外出打工。不幸的是，她又被老板轰了回来，原因是剪裁衣服的时候，手脚太慢了，品质也过不了关。母亲对女儿说，手脚总是有快有慢，别人已经干很多年了，而你一直在念书，怎么快得了？

女儿先后当过纺织工，干过市场管理员，做过会计，但无一例外，都半途而废。然而，每次女儿沮丧地回来时，母亲总安慰她，从没有抱怨。

30 岁时，女儿凭着一点语言天赋，做了聋哑学校的辅导员。后来，她又开办了一家残障学校。再后来，她在许多城市开办了残障人用品连锁店，她已经是一个拥有几千万资产的老板了。

有一天，功成名就的女儿凑到已经年迈的母亲面前，她想得到一个一直以来想知道的答案。那就是前些年她连连失败，自己都觉得前途渺茫的时候，是什么原因让母亲对她那么 有信心呢？

母亲的回答朴素而简单。她说，一块地，不适合种麦子，可以试试种豆子；豆子也长不好的话，可以种瓜果；如果瓜果也不济的话，撒上一些荞麦种子一定能够开花。因为一块地，总有一粒种子适合它，也终会有属于它的一片收成。

听完母亲的话，女儿落泪了。她明白了，实际上，母亲恒久而不绝的信念和爱，就是一粒坚韧的种子；她的奇迹，就是这粒种子执著而生长出的奇迹。

故事解析

目标与信念的重要性。对于人们来说，杰出与平庸最根本的差别并不在于天赋，也不在于机遇，而在于有无人生目标，并在强有力的信念下去完成。当我们具备顽强的信念时，就有一种能量，有了一种前进的动力，从而撑起一片天空。所以，任何时候我们都不能放弃信念，因为有了它生命之树才会常青不败，就会绝处逢生。这也是我将即上路前对自己的鼓励……

有了信念，人们的精神就有了寄托，行动也有了意义，这样的生命体自会燃烧出勇气和希望。一壶装满沙子的“水”成了人们唯一的希望，能喝到壶里的水成了他们最高的信念，于是他们存活了下来。

信念如磐，生命才有高度。

故事穿越

唐太宗贞观年间，长安城西的一家磨坊里，有一匹马和一头驴子。它们是好朋友，马在外面拉东西，驴子在屋里拉磨。

贞观三年，这匹马被玄奘大师选中，出发经西域前往印度取经。17年后，这匹马驮着佛经回到长安。它重见磨坊会见驴子朋友。老马谈起这次旅途的经历：浩瀚无边的沙漠，高入云霄的山岭，凌峰的冰雪，热海的波澜……

那些神话般的境界，使驴子听了大为惊异。驴子惊叹道：“你有多么丰富的见闻呀！那么遥远的道路，我连想都不敢想。”

“其实，”老马说，“我们跨过的距离是大体相等的，当我向西域前进时，你一步也没停止过。不同的是，我同玄奘大师有一个遥远的目标，按照始终如一的方向前进，所以我们打开了一个广阔的世界。而你被蒙住了眼睛，一生就围着磨盘打转，所以永远也走不出这个狭隘的天地。”

故事微语

孟庆凤说：“信念，是强大的内在的精神寄托，是托起人生大厦的支柱；信念，是事业成功的台阶，是战胜艰难的力量。信念是即使身处逆境，也能鼓起前进的风帆；信念是即使遭遇不幸，也能使你坚守崇高的心灵。要让生命放射出夺目的光辉，请点燃第一道火焰——信念。”

有了信念，人们的精神就有了寄托，行动也有了意义，这样的生命体自会燃烧出勇气和希望.一壶装满沙子的“水”成了人们唯一的希望,能喝到壶里的水成了他们最高的信念,于是他们存活了下来。

心灵箴言

人的价值是由自己决定的。

——[法] 卢梭

信念是鸟，它在黎明仍然黑暗之际，感觉到了光明，唱出了歌。

——[印度] 泰戈尔

由百折不挠的信念所支持的人的意志，比那些似乎是无敌的物质力量具有更大的威力。

——[美] 爱因斯坦

分析自己，找准应该站在的位置

故事话题

从前有一块铁，不知金子为何物，自以为自己是一块金子。有一天遇到一个铁匠，铁匠说：“我要把你打造成一把锋利的宝剑”铁说：“我是一块金子，为什么要把自己打成宝剑”“你只是一块铁，并不是金子”铁匠摇摇头说。然后遗憾的走了。

铁在被告知金子另有它物后，便踏上寻金之路。有一天他遇上了一块铜。熠熠发光。

铁说：“你在发光，你一定是金子”铜说：“不，我不是我是铜。金子比我光亮的多 ”于是铁继续寻找金子。在路上铁又遇见一块银，闪闪发亮。 铁激动地问：“金子你好啊!”银子看看铁说：“你认错了，我是银子。金子是黄灿灿”铁很失望继续向前走终于有一天铁看见了金子。被金子的光晃得头晕目眩。说：“你就是世界是最名贵的金子吧?”金子对铁说：“我是金子，可还不是最名贵的这个世界比我名贵的东西多的是”此时铁很伤心，心想自己永远也不能成为一块金子了。金子对铁说：“每个人都有有每个人的作用，锋利的宝剑永远也不会由金子做成。你还年轻还需要锻炼”于是铁便回家了。找到那个铁匠终于把自己打造成了一把锋利的宝剑。

故事解析

每一个人都有自己的自我定位，不幸的是，很多人都没有意识到这一点。这也难怪，因为，这个定位常常深深地隐藏在我们的潜意识里。人们常常有这样的体验：为了实现目标，自己付出了极大的努力，却收效甚微，其内在的原因就在于我们潜意识中的自我定位与我们的目标不相一致，这种背离极大地削弱和降低了我们的努力和付出。

一个错误的过失的自我定位，是潜藏在你内心、影响你走向成功的致命的负面因素。及时更新你的定位，使之与你的目标相一致，是迫切而必要的，因为它直接关系到你付出的效率，决定着你的成败。

故事穿越

故事一：

一位乞丐站在地铁出口卖铅笔，一位商人匆匆而过，向乞丐杯子里投入几枚硬币，但忘了取铅笔。过了一会儿这位商人返回，取了一根铅笔，对乞丐说："对不起，我忘了拿铅笔，因为你我毕竟都是商人，"然后匆匆离去。几年以后，这位商人参加一次高级酒会时，一位衣冠楚楚的人士向他致谢，告诉商人说他就是当初卖铅笔的乞丐，他的生活改变，得益于商人的那一句话："你我都是商人。"而在这以前，他仅仅只把自己看成一个乞丐。

故事二：

汽车大王福特自幼帮父亲在农场干活，12岁，他就在头脑中构想能够用在路上行走的机器代替牲口和人力，而父亲和周围的人都要他在农场做助手，真如此，世间便少了伟大的工业家，而福特坚信自己可以成为一名机械师。

于是，他用一年完成了别人要三年才能完成的机械师训练，随后他花两年多时间研究蒸汽机原理，试图实现他的目标，未获成功；随后他又投入到汽油机研究上来，每天都梦想制造一部汽车。他的创意被大发明家爱迪生赏识，邀请他到底特律公司担任工程师。经过10年努力，福特29岁时，成功地制造了第一部汽车引擎。

今日美国，许多家庭都有一部以上的汽车，底特律是美国最大工业城市之一，成为福特的财富之都。福特的成功，不能不归功于他定位的正确和不懈的努力。

故事微语

乞丐的故事，仁者见仁，智者见智，人们对其有不同的领会与感悟。而也同样给企业经营者提出了一个问题：我们是做什么的?是一位商人，还是一个卖铅笔的乞丐呢?这就意味着企业经营者需要弄清自己的经营领域，从而进一步决定自己的市场行为，这就是领域界定。我欣赏的观点是，故事告诉我们：当他定位乞丐时，他就是乞丐；当他定位商人时，他就是商人。

福特的故事说明：定位决定人生。一个人的发展在某种程度上取决于自己对自己的评价，这种评价有一个通俗的名词——定位。在心目中你把自己定位成什么，你就是什么，因为定位能决定人生，定位能改变人生。

心灵箴言

征服自我是胜利中最大的胜利。

——[古希腊] 柏拉图

不论成功还是失败，都是系于自己。

——[美] 朗费罗

只有满怀自信的人，能在任何地方都怀有自信，沉浸在生活中，并认识自己的意志。

——[苏联] 高尔基

第三篇

直面自己：接受你所不能改变的事实

不是每个人都能做到面对自己的，这需要勇气。认清自己，克服或者改善或者完善自我，更加客观的认识到自我的优缺点，才能找准适合自己发展的方向，最终能够做到随时随地轻风踩月！

不苛求完美，不害怕缺陷

故事话题

有位伟大的雕塑家，他的艺术是如此的完美，以至于当他完成一座雕像时，令人几乎难以区分哪个是真人、哪个是雕像。有一天，占星师告诉雕塑家他的死亡即将来临。雕塑家非常伤心，他开始害怕，就像所有人一样，他也想要避免死亡。他静心思索，最后想到一个方法，他做了 11 个自己的雕像。当死神来敲门时，他藏在那 11 个雕像之间，屏住了呼吸。

死神感到困惑，他无法相信自己的眼睛，从未发生过这种事！从没听说过上帝会创造出两个完全一样的人，他的创造总是独一无二的，上帝从来不相信任何惯例，所有东西都是惟一的。

到底怎么回事？12 个一模一样的人？现在，他该带走哪一个呢？他只能带走一个……死神无法作决定。带着困惑，他回去了，他问上帝："你到底做了什么？居然会有 12 个一模一样的人，而我要带回来的只有一个，我该如何选择？"

上帝微笑地把死神叫到身旁，在死神耳旁轻声说了一个方法，一个能够在"赝品"之中找出真品的方法。他给了死神一个秘密暗号，他说："你到那个艺术家藏身于雕像间的房间里，说出这个暗号。"

死神问："真的有用吗？"上帝说："别担心，你试了就知道。"

带着怀疑的心情，死神去了。他进了房间，往四周看了看，说："先生，一切都非常的完美，只有一件小事例外。你做得非常好，但你忘记了一点，所以仍然有个小小的瑕疵。"雕塑家完全忘记自己得躲起来一事。他跳了出来问："什么瑕疵？"

死神笑着说："抓到你了吧，这就是瑕疵——你无法忘记你自己，天堂都没有完美的东西，何况人间。别废话了，跟我走吧！"

故事解析

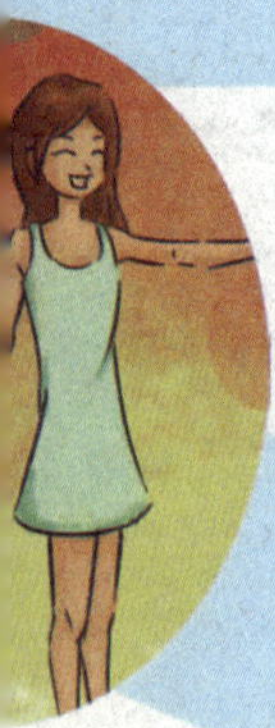

也许我们以为得到或达到了完美，然而即发现太完美也就等于乏味。同时在过度追求完美的过程中，我们也许错失了更生动的风景。

“金无足赤，人无完人”，世上有谁见过绝对完美的人和事物呢？那是根本不存在的。既然不存在，我们就不要去苛求它。苛求完美是一种畸形的心态，表面上看似乎很美很诱人，而实际上是个美丽的陷阱，可能会让我们把精力都用在一些琐碎上，而忽略了对大局的把握。

就像下面的一个故事：有一个圆，被人劈去了一小部分，它感到很自卑。他想找回一个完整的自己，为此它到处去寻找属于自己的那快碎片。因为自己不是完整的，所以，在寻找的时侯他滚的很缓慢。一路上，它与鲜花为伍，同昆虫们叫谈，充分的享受着生活的快乐。

它找到了很多碎片，却都不是自己掉小来的那块，但他并不气馁，继续寻找着……

终于有一天，他如愿以偿的找到了那块碎片。并且使自己重新成为一个完整的圆。然而，他滚动的太快，以致错过了花开的季节，忽略了虫子的呢喃，感受不到生活的快乐。后来它意识到了这一点，毅然丢掉了那块千辛万苦才找到的那快碎片。

故事穿越

在佛教的《百喻经》中，有这样一则可笑而发人深省的故事：

印度有一位先生娶了一个体态婀娜、面貌秀丽的太太，两人情如金石，恩恩爱爱，是人人称羡的神仙美眷。这个太太眉清目秀，性情温和，美中不足的是长了个酒糟鼻子。柳眉、凤眼、樱桃嘴、瓜子脸蛋上，却镶了个酒糟鼻子，好像失职的艺术家，对于一件原本足以称傲于世间的艺术

精品，少雕刻了几刀，显得非常的突兀怪异。

这位丈夫对于太太的鼻子终日耿耿于怀。一日出外去经商，行经一贩卖奴隶的市场，宽阔的广场上，四周人声沸腾，争相吆喝出价，抢购奴隶。广场中央站了一个身材单薄、瘦小清癯的女孩子，正以一双泪眼，怯生生地环顾着这群如狼似虎、决定她一生命运的男人。这位丈夫仔细端详女孩子的容貌，突然间，被深深地吸引住了。好极了！这女子脸上长着一个端端正正的鼻子，不计一切，买下她！

这位丈夫以高价买下了长着端正鼻子的女孩子，兴高采烈，带着女孩子日夜兼程赶回家门，想给心爱的妻子一个惊喜。到了家中，把女孩子安顿好之后，以刀子割下女孩子漂亮的鼻子，拿着血淋淋而温热的鼻子，大声疾呼："太太！快出来哟！看我给你买回来最宝贵的礼物！"

"什么贵重的礼物，让你如此大呼小叫的？"太太疑惑不解地应声走出来。

"嗨！你看！我为你买了个端正美丽的鼻子，你戴上看看。"

丈夫说完，突然出其不备，抽出怀中锋锐的利刃，一刀朝太太的酒糟鼻子砍去。霎时太太的鼻梁血流如注，酒糟鼻子掉落在地上，丈夫赶忙用双手把端正的鼻子嵌贴在伤口处，但是无论丈夫如何的努力，那个漂亮的鼻子始终无法粘着于妻子的鼻梁。

故事微语

完美主义者在做事的时候总是力求不存缺憾，哪怕是无关紧要的细节也不肯放过。却不知要求完美是一件好事，但如果做过了头，反而比不完美更糟糕。那位可怜的妻子，既得不到丈夫苦心买回来的端正而美丽的鼻子，又失掉了自己那虽然丑陋、但是却货真价实的酒糟鼻子，并且还受到刀刃创痛。而那位丈夫的愚昧无知，更是叫人可怜！而发生这事的原因就是由于丈夫无法正视太太的缺点所至。

一个人敢于正视自己的缺点和不足，是勇气的表现，更是智慧的体现，只有自信心不强、缺乏责任感的人才把自己的缺点造成的失败当成是别人的负面影响所致，而在遭遇失败时，能够勇敢地承担责任并理智地评价自己和别人，才是真正的智者。

人生是不完满的，所以我们对于生活中种种不如人意的事不必介意，不必介意！要使我们的世界变成美好的人间，除了感受幸福以外，还需要大家自制。

心灵箴言

十全十美是上天的尺度，而要达到十全十美的这种愿望，则是人类的尺度。

——[德] 歌德

生活已经不是快乐的筵席，节日般的欢腾，而是工作、斗争、穷困和苦难的经历。

——[俄] 别林斯基

曾子以此三者日省其身，其自治诚切如此，可谓得学之本矣，有则改之，无则加勉。

——朱熹

依靠一些改变来喂养空虚

故事话题

很久以前，人类还是赤脚走路。有一位国王到某个偏远的乡村去旅行，因为路面崎岖不平，有很多碎石子，扎得他的脚又痛又麻，气得他又烦又恼。

回到王宫后，他下了一道命令，要将全国所有的道路都铺上一层牛皮，让大家不再受刺痛之苦。但即使杀尽所有的牛也筹措不到足够的牛皮，而所花费的金钱，动用的人力，更是难以估计。虽然，想法很愚蠢，也做不到。但因为是国王的命令，大家只好摇头叹气，唯命是从。

一位聪明的仆人向国王谏言："国王啊，为什么要兴师动众，牺牲那么多牛，花费那么多钱呢？您何不只用两小片牛皮包住你的脚呢?"国王听了很惊讶，也立即领悟了他的意思，于是，就立刻收回成命，采纳了他的建议。据说"皮鞋"就此由来。

其实，在现实生活中，要改变世界很难，想改变自己，则较为容易。如果你希望看到世界改变，那么，第一必须改变的就是自己。

故事解析

你改变不了世界，但你可以改变自己；你改变不了环境，但你可以适应环境；你改变不了事实，但你可以改变态度；你改变不了过去，但你可以改变现在；你不能控制他人，但你可以掌握自己；你不能预知未来，但你可以把握今天；你不能改变容貌,但你可以展现笑容。

如果一切都不能改变,至少你还能改变自己的感受;如果一切都不能控制,至少你还能控制自己的风度。世上本无移山术，唯一的方法,就是山不过来,你就过去。

改变别人在很多情况下，可能是别人的事,最终要由别人作主,何必强求呢?改变世界是大家的事，只有大家齐心协力才能够做到，并非一日之功。而只有改变自己才是自己的事,要靠自己的努力去实现。

故事穿越

培训课上，企业界的精英们正襟危坐，听管理学教授讲关于企业运营的报告。

站在讲台上的教授从包里拿出一只开口很小的瓶子放在桌上，然后指着旁边一个胀得圆鼓鼓的气球对大家说：“谁能告诉我，怎样把这只气球装到这只瓶子里去？当然，你不能这样，嘭！”教授滑稽地做了个气球爆炸的手势。众人面面相觑，都不知教授葫芦里卖的什么药。

终于，一位女士走到台前，拿起气球小心翼翼地捏弄。她想利用橡胶柔软可塑的特点，把气球一点一点地塞到瓶子里。但很快她发现自己的努力是徒劳的。

教授看到没有人愿意再上来试一下，他拿起气球，三下两下解开气球嘴上的带子，“哧”的一声，圆圆的气球变成了一个软塌塌的小袋子。教授把这个小袋子塞到瓶子里，只留下吹气的口儿在外面，然后用力吹气。很快，气球鼓起来，胀满在瓶子里。

教授再用带子把气球嘴儿扎紧。“瞧，我只改变了一下方法。”

教授转过身，拿起笔在黑板上写了个大大的“变”字，然后说：“现在，我们做第二个游戏。”他指着一个戴眼镜的男子说：“现在请你用这只瓶子做出五个动作，什么动作都可以，但不能重复。”

“眼镜”拿起瓶子、放下瓶子、扳倒瓶子、竖起瓶子、移动瓶子，五个动作很快就完成了。教授点点头，说：“请你再做五个，但不要与刚才做过的重复。”

“眼镜”又很轻易地完成了。

“请再做五个。”等教授第五次发出同样的指令时，“眼镜”突然大吼一声：“不！我宁愿摔了这瓶子也不想再让它折磨我的神经了！”“眼镜”把瓶子重重地放在讲台上，愤愤地走回到自己的座位。

精英们笑了，教授也笑了，他面向大家：“你们看到了，‘变’有多难！连续不断地‘变’几乎使这位先生发疯。可你们比我还清楚，商战中‘变’有多么重要。因为不变比发疯还要糟，那意味着死亡。”

精英们开始对这场别开生面的报告品出点味儿来了，他们微笑地互相交换着目光。

停了片刻，教授从包里拿出一只开口很大的瓶子放到台上，指着那只装气球的瓶子说："谁能把它放到这只新瓶子里去？"

精英们都看到这只新瓶子并没有原来的那个瓶子大，直接装进去是根本不可能的。但这样简单的问题难不住头脑机敏的精英们，一个高个子中年男人走过去，拿起瓶子用力向地上掷去，瓶子碎了，中年人拾起一块块碎片装入新瓶子。教授点头表示赞许，精英们没人对中年人的做法感到意外。

这时教授说："先生们，这个问题很简单，我想你们都想到了这个答案。但实际上我要告诉你们的是改变最大的极限是什么。"教授举起手中的瓶子："瞧，最大的极限是完全改变旧有状态，彻底打碎它！感谢在座的诸位，我的报告完了。"

故事微语

只有敢于打破自己固有的圈子才可能改变自己的命运，才可能拥有更加广阔的发展空间。那些死守习惯、不愿脱离惯有轨迹的人，永远都是狭隘的，他们永远不会有所突破。

任何人都需要不断改革创新，创新思考要打破以往的老框框、旧制度，不管是思考新问题还是难以解决的老问题，都要有新的思考程序和新的思考步骤，而基于思考以往的同类问题所形成的思维定势，一定会对创新思考带来一定的妨碍和束缚作用，所以，当我们考虑同类问题时要想一下是否打破了以往的思维定势，是否被以往的思维绑住了手脚，此路已经行不通何不另寻他路？要跳出一种思维定势，则需要我们自觉地作出努力。

我们也要突破固有的思维定势，不能总习惯呆在一个圈子内，总习惯一种工作方式、生活方式，时间久了总会麻木的，要敢于创新勇于创新，打破已有的思维模式，跳出原来的旧框框才能走的更远。

心灵箴言

变者，法之至也。

——魏禧

穷则变，变则通，通则久。

——《周易》

对于一个艺术家来说，如果能够打破常规，完全自由进行创作，其成绩往往会是惊人的。

——[英] 卓别林

放下脆弱的沉重包袱

故事话题

兔子的胆小是出了名的，经常受到的惊吓，总是像石头一样压在它们的心上。

有一次，众多兔子聚集在一起，为自己的胆小无能而难过，悲叹自己的生活中充满了危险和恐惧。

它们越谈越伤心，就好像已经有许多不幸发生在自己身上，而这也就是它们之所以成为兔子的原因。到了这种地步，负面的想像便无止境地涌现出来。它们怨叹自己天生不幸，既没有力气和翅膀，也没有牙齿，日子只能在东怕西怕中度过，就连想要抛弃一切大睡一觉，也有什么都听得见的长耳朵的阻扰，赤红的眼睛也就变得更加鲜红了。

它们觉得自己的这种生活是毫无意义的，这又成了它们自我厌恶的根

源。它们都觉得，与其一生心惊胆战，还不如一死了之好。

于是，它们一致决定从山崖上跳下去了结自己的生命，结束一切烦恼。就这样决定了，于是它们一齐奔向山崖，想要投河自尽。这时，一些青蛙正围在湖边蹲着，听到急促的脚步声，如临大敌，立刻跳到深水里逃命去了。

这是兔子每次到池塘边都会看到的情景，但是今天，有一只兔子突然明白了什么，它大声地说：“快停下来，我们不必吓得去寻死寻活了，因为我们现在可以看见，还有比我们更胆小的动物呢！”

这么一说，兔子们的心情奇妙地豁然开朗起来了，好像有一股勇气喷涌而出，于是它们欢天喜地回家去了。

故事解析

大道理：不要为我们现在的遭遇就埋怨命运的不公，实际上，世界上还有很多比我们更不幸的人，想想那些更不幸的人仍旧坚强地活着，我们又为什么不能呢?

如今的时代，无时无处不存在激烈，甚至是残酷的竞争。面对竞争人们都不可能是常胜将军。失败，不可避免。随之而来是痛苦。失败是对人心理承受力的考验，坚韧的人战胜失败走向成功；脆弱的人沉浸于痛苦中不能自拔。战胜脆弱！只有战胜脆弱，我们才能成功。

故事穿越

刚上中学时，老师问同学们：“你们说人格的最大缺陷是什么？”同学们有的说骄傲，有的说虚伪，有的说嫉妒。老师说：“我看是脆弱。它是各种错误的根源，是你取得成功的绊脚石。”小明把老师的话牢牢记下，努力寻找和战胜自己的脆弱。

小明似乎生来胆小、怯懦，众人面前不敢说话，上课不敢举手发言。

一次老师让小明读课文，小明紧张得浑身发抖，音儿都变了。惹得同学们直笑。课后小明忽然意识到胆小就是脆弱，我必须克服和战胜它。从此，我课前认真准备，课上主动争取读课文，举手发言，慢慢就不害怕了，表达和朗读能力也大有提高，受到老师的夸奖。

小明还有点虚荣心。最经不住长辈当众批评。一次姑姑到我家来，我在饭桌上宣布表妹在学校作文竞赛中得了奖，爸爸当即指着小明鼻子说：“你瞧瞧人家妹妹！”一句话把小明说得满脸通红，恨不得有个地缝钻进去。

胡乱吃完饭，小明就躲到自己屋里偷偷哭起来。哭着哭着，老师的话又在他耳边响起：人格的最大缺陷是——脆弱。

表妹好，不正多了个学习对象？看来虚荣也是脆弱，必须克服和战胜它。

从此小明求真务实，苦练作文，终于在市作文竞赛中获得了二等奖。尽管这样，小明还提醒爸妈不必张扬，因为战胜脆弱才是他主要的收获。

故事微语

脆弱，一个时常挂在人们嘴边的字眼。很多时候，它就像是人的影子，经常围着你转。你千方百计想要摆脱它的缠绕，但成效甚微。你与懦弱的斗争，就像是在与自己的影子决斗，虽用尽全力，却无丝毫进展。

在生活中，人们常常会受到困难和挫折的阻碍，那些性格脆弱的人就像一部部机器，被脆弱任意地操纵着，傻头傻脑的没一点主见，连要战胜困难的决心也没有了，面对任何一个困难，想也不想就退缩了。殊不知，这样做大错特错，只会让好事变坏，坏事变得更糟。学习和工作中人们经常会受到失败的打击，那些性格脆弱的人，这样只会让事情的发展停滞不前或走极端。

脆弱一但被战胜之后，成功的那扇门便会打开，成功自然会向你招手，这就应了一句人们常说的话：惧怕困难，而不去拼搏，怎能成功呢！

心灵箴言

自知者英，自胜者雄。

——王通

知人既以为难，自知诚亦不易。

——吴兢

自知者不怨人，知命者不怨天；怨人者穷，怨天者无志。

——荀子

懂得欣赏自己，方能活出本色

故事话题

一位叫亨利的青年，在他30岁生日那天站在河边发呆，他不知道自己是否还有活下去的必要。因为亨利从小在收容院里长大，身材矮小，长相也不漂亮，说话又带着浓厚的法国乡下口音，所以他一直很瞧不起自己，认为自己是一个又丑又笨的乡巴佬，连最普通的工作都不敢去应聘。

就在亨利徘徊于生死之间的时候，与他一起在收容院长大的好朋友约翰兴冲冲地跑来对他说：“亨利，告诉你一个好消息。我刚刚从收音机里听到一则消息，拿破仑曾经丢失一个孙子。播音员描述的相貌特征，与你丝毫不差！”“真的吗？我竟然是拿破仑的孙子？”亨利一下子精神大振。联想到爷爷曾经以矮小的身材指挥着千军万马，用带着泥土芳香的法语发出威严的命令，他顿感自己矮小的身材同样充满力量，讲话时的法国乡下口音也带着几分高贵和威严。

第二天一大早，亨利便满怀自信地来到一家大公司应聘。几十年后，已成为这家大公司总裁的亨利，查证出自己并非拿破仑的孙子，但这早已不重要了。

在一次知名企业家的讲座上，曾有人向亨利提出一个问题：“作为一名成功人士，您认为，在成功的诸多前提中，最重要的是什么？”亨利没有直接回答他的问题，而是讲了这个故事。最后，他说：“接纳自己，欣赏自己，将所有的自卑全都抛到九霄云外。

我认为，这就是成功最重要的前提！”你也许曾埋怨过自己不是名门出身，你也许曾苦恼过自己命运中的波折，你也许曾叹惋过自己人生中的坎坷。可是扪心自问，你到底有没有真正正视过自己？其实，对于一个生活的强者而言，出身只是一种符号，而非成功的必然前提，你又何必为此而斤斤计较。

故事解析

“海纳百川，有容乃大”。欣赏别人是一种豁达风度。在越来越个性化的社会交际中，“欣赏自己”已被越来越多的人们接受和应用。

人无完人，每个人都有自己的长处和短处。对此，妄自菲薄和恃才傲物都是不可取的，它只会使人沦于平庸。而正确地欣赏别人就会使平庸变得优秀，使自卑变得自强，使消沉变得进取，使自满变得谦逊。

在不同人的眼中，世界也会变得不同。其实星星还是那颗星星，世界依然是那个世界。你用欣赏的眼光去看，就会发现很多美丽的风景；你带着满腹怨气去看，你就会觉得世界一无是处。

故事穿越

有这样一首小诗：
也许你想成为太阳，
可是你却只是一颗星辰；
也许你想成为大树，可是你却只是一株小草；
也许你想成为大河，可是你却只是一泓山泉；
做不了太阳，就做星辰，在自己的星座发光发热；
做不了大树，就做小草，以自己的颜色装点希望；
做不了伟大，就做实在，平凡而并不自卑；
关键是要做到最最美好的自己；
未必总是欣赏别人，最应欣赏的是自己……

故事微语

俄国大文豪托尔斯泰曾说过：“人不是因为美丽才可爱，而是因为可爱才美丽。”这里是说心灵美是最高境界的美，外表美的不足可以通过内在美来弥补，而心灵的 污点却不能用外表来清楚。心灵美是美丽的核心，它具有宝贵而不可取代的价值。要让自己的心灵变得美丽，我想最重要的是先从自己身上发现，首先欣赏自己，再 来欣赏更博大的美。

给自己自信，给自己希望。人生的路漫长而多彩,就像在天边的大海上航行,有时会风平浪静,行驶顺利;而有时却会是惊涛骇浪,行驶艰难。但只要我们心中的灯塔不熄灭,就能沿着自己的航线继续航行。

人生的路漫长而多彩：在阳光中要学会鼓励进取，在阴云中要学会坚强自信；当你站在中点回望，你就走出了一条属于自己的人生之路。风雨过后，眼前会是鸥翔鱼游的天水一色；走出荆棘,前面就是铺满鲜花的康庄大道；登上山顶,脚下便是积翠如云的空蒙山色；在这个世界上，一星陨落,黯淡不了整个春天。一花凋零,荒芜不了整个春天。只要有自信，敢于自我欣赏，自我鼓励，努力进取，执著坚强，总能创造美妙的生命奇迹！

欣赏自己，你就首先有一颗澄澈的心来看待一切，清楚地认识自己，继而进行自我心境的提升，拥有一颗美的心灵。

心灵箴言

一个不欣赏自己的人，是难以快乐的。

——三毛

你要欣赏自己的价值，就得给世界增添价值。

——[德] 歌德

欣赏，这就是为着一件事物本身而爱好它，不为旁的理由。

——[意] 达·芬奇

善待自己，做乐观的自己

故事话题

英特尔公司的总裁安迪·葛鲁夫曾是美国《时代》周刊的风云人物。很多人只知道他是美国巨富，却不知道他也有鲜为人知的苦难经历。

由于家境贫寒，安迪·葛鲁夫从小便吃尽了缺衣少食和受人藐视的苦头，他发誓要出人头地。他在上学期间便表现出了商业天分，从市场上买来各种半导体零件，经过组装后低价卖给同学，他只从中赚取手续费。由于他组装的半导体比原装的便宜很多，而质量却不相上下，所以在学校里很走俏。他的学习成绩也异常优秀。可是谁也想不到，他竟是个极度悲观的人，也许是受贫困的家境影响，凡事他都爱走极端，这在他以后的经商之路上淋漓尽致地表现了出来。

那是安迪·葛鲁夫第三次破产后的一个黄昏，他一个人漫步在家乡的河边。他从早早去世的父母，想到了自己辛苦创下的事业一次次破产，内心充满了阴云。悲痛不已的他在号啕大哭一番后，望着滔滔的河水发呆，他想如果他就这样跳下去的话，很快就会得到解脱，世间的一切烦愁都与他无关了。

突然，对岸走来一位憨头憨脑的青年，他背着一个鱼篓，哼着歌从桥上走了过来，他就是拉里·穆尔。安迪·葛鲁夫被拉里·穆尔的情绪感染，便问他："先生，你今天捕了很多鱼吗？"拉里·穆尔回答："没有啊，我今天一条鱼都没捕到。"安迪·葛鲁夫不解地问："你既然一无所获，那为什么还这么高兴呢？"拉里·穆尔乐呵呵地说："我捕鱼不全是为了赚钱，而是为了享受捕鱼的过程，你难道没有觉得被晚霞渲染过的河水比平时更加美丽吗？"一句话让安迪·葛鲁夫豁然开朗。于是，这个对生意一窍不通的渔夫拉里·穆尔，在安迪·葛鲁夫的再三央求下，成了他的贴身助理。

很快，英特尔公司奇迹般地再次崛起。在创业的数年间，公司的股东和技术精英不止一次地向总裁安迪·葛鲁夫提出质疑：那个没有半点半导体知识、毫无经商才能的拉里·穆尔，真的值得如此重用吗？

安迪•葛鲁夫说：“是的，他确实什么都不懂，而我也不缺少智慧和经商的才能，更不缺少技术。我缺少的只是他面对苦难的豁达心胸和面对人生的乐观态度，而他的这种豁达心胸和乐观态度，总能让我受到感染而不至于做出错误的决策。”

故事解析

人生就象一段旅程，不要在乎目的地，要在乎的是一路上欣赏风景的心情。心情好了，人生的美景，会美不胜收啊。善待自己，珍惜自己，好好地爱自己吧。只有这样，你才会怀着感恩的心，善待你的亲人、朋友和需要我们帮助的人。

一切的和谐与平衡，健康与健美，成功与幸福，都是由乐观与希望的向上心理产生与造成的。

忧愁、顾虑和悲观，可以使人得病；积极、愉快和坚强的意志和乐观的情绪，可以战胜疾病，更可以使人强壮和长寿。

乐观本身就是一种成功。乌云后面依然是灿烂的晴天。

故事穿越

一个农民在某地买来了一种新的小麦种子，据说这种小麦产量很高。邻居们听到消息后，都纷纷向他打听小麦的有关情况以及出售种子的地方。农民担心大家知道后都种这种小麦，而使他失去竞争的优势，就一再推脱而不愿告诉别人，邻居们买不到这种优质小麦，就只好种原来的老品种。谁知收获的时候，农民的小麦并没有获得预想中的收成，和邻居们的小麦产量也没有什么两样。

他百思不得其解，就去请教一个农学家。经过专家的分析，很快查出了小麦没有取得高产的原因，由于农田相隔很近，他的优质小麦接受了邻居们普通小麦的花粉，从而造成了减产，农夫听了后悔莫及。

故事微语

在生命的转弯处，我们停下脚步，朝后望一望，用宽厚仁爱的胸怀铺一条路让别人先走，既方便了别人，也方便了自己，从这个意义上来说，善待别人，也就是善待自己。

在希腊，有一位哲学家，叫苏格拉底。他娶了一位悍妇，非常泼辣。有一天，来了一位朋友，和苏格拉底谈得十分投机，不料，他妻子暴跳如雷，苏格拉底没理睬。他妻子就用一盆水，往苏格拉底头上泼过来，苏格拉底成了落汤鸡，可碍于朋友的面子，又赶紧风趣地说："我早就知道，打雷之后，就一定要下雨！"这是一个乐观人的心态。就好比是一把茶壶，屁股烧得通红，可嘴巴还在大吹口哨。

苏格拉底的乐观精神，也是善待自己、善待他人的表现。

漫漫人生路，有风和日丽难免也有雷雨交加，更多时候我们必须懂得、更需学会"关心和善待自己"。因为，只有自己才是自己的上帝！

心灵箴言

真正的快乐是内在的，它只有在人类的心灵里才能发现。

——[德] 布雷默

内心的欢乐是一个人过着健全的、正常的、和谐的生活所感到的喜悦。

——[法] 罗曼·罗兰

我们曾经为欢乐而斗争，我们将要为欢乐而死。因此，悲哀永远不要同我们的名字连在一起。

——[捷克] 伏契克

第四篇

走出自己：谁都有一个不太和谐的自我

正确对待自己的情绪恶魔，做情绪的主人，这是一件说来容易做来极难的事情。良好的情绪可以成为事业和生活的动力，恶劣的情绪则会对身心健康产生破坏作用。能够把自己的情绪升华到有利于个人社会的高度，才是明智的良策。

挣脱思想牢笼，做情绪的主人

故事话题

一位年轻人在岸边钓鱼，坐在他旁边的一个老人也在守望着一根长长的鱼竿。

一段时间过去了，奇怪的是，老人不时地就能钓到一条银光闪闪的鱼，可是年轻人的浮标却没有动静。年轻人迷惑不解地问老人："我们钓鱼的地方相同，您也没有用什么特别的诱饵，为什么我就毫无所获呢？"

老人微笑着说："这就是你们年轻人的通病，喜欢浮躁，情绪不稳定，动不动就烦乱不安。我钓鱼的时候，常常达到了浑然忘我的地步，我只是静静地守候，不像你会时不时地动动鱼竿，叹息一两声。我这边的鱼根本就感觉不到我的存在，所以，它们咬我的鱼饵，而你的举动和心态只会把鱼吓走，当然就钓不到鱼了。"

故事解析

生活中，面对不同的环境，不同的对手，有时候采用何种手段已不太关键，而保持好自己的情绪才是至关重要。

每个人都有自己的情绪，而情绪是一种很滑溜的东西，有时滑溜得让人捉摸不到，但是，不管怎么滑溜，你都要想办法将它捏得紧紧的。因为这关系到你能否在社会上游刃有余地生存。

一位哲学家说过："不善于驾驭自己情绪的人总会有所失。"良好的情绪可以成为事业和生活的动力，而恶劣的情绪则会对身心健康产生破坏作用。因而把自己的情绪升华到有利于个人社会的高度，乃是明智的良策。

在情绪易于剧烈波动的时刻，应该保持清醒的头脑，告诫自己严防偏激情绪的爆发。人的情绪和其他一切心理过程一样，是受大脑皮层的调节和控制的，这就决定了人是能够有意识地控制和调节自己情绪的，故可以用理智驾驭情绪，做情绪的主人。

故事穿越

从前，有一个脾气很坏的男孩.他的爸爸给了他一袋钉子，告诉他，每次发脾气或者跟人吵架的时候，就在院子的篱笆上钉一根。第一天，男孩钉了37根钉子。后面的几天他学会了控制自己的脾气，每天钉的钉子也逐渐减少了。他发现，控制自己的脾气，实际上比钉钉子要容易的多。终于有一天，他一根钉子都没有钉，他高兴的把这件事告诉了爸爸。

爸爸说："从今以后，如果你一天都没有发脾气，就可以在这天拔掉一根钉子。"

日子一天一天过去，最后，钉子全被拔光了。

爸爸带他来到篱笆边上，对他说："儿子，你做得很好，可是看看篱笆上的钉子洞，这些洞永远也不可能恢复了。就象你和一个人吵架，说了些难听的话，你就在他心里留下了一个伤口，像这个钉子洞一样。插一把刀子在一个人的身体里，再拔出来，伤口就难以愈合了。无论你怎么道歉，伤口总是在那儿。要知道，身体上的伤口和心灵上的伤口一样都难以恢复。你的朋友是你宝贵的财产，他们让你开怀，让你更勇敢。他们总是随时倾听你的忧伤。你需要他们的时候，他们会支持你，向你敞开心扉。告诉你的朋友你多么爱他们，告诉所有你认为是朋友的人，你的行动可以从邮寄这个小小的故事开始。有一天，当这封信回到你的信箱里时。你会发现你有一个很大的朋友圈。"

故事微语

良好的心理状态是人的一生中适应各种挑战的精神支柱，是保持良好生活质量的动力。人在生活中难免会遇到这样那样的事儿，这就要求个人能够协调和控制情绪，保持稳定和积极向上的心态，善于从生活中寻找乐趣，对生活充满希望。

情绪可催人向上，也可以使人陷入困境无法自拔。驾驭情绪，做情绪的主人是我们应该培养和锻炼的一种能力。

真正健康、有活力的人，是和自己情绪感觉充分在一起的人，是不会担心自己一旦情绪失控会影响到生活的，因为，他们懂得驾驭、协调和管理自己的情绪，让情绪为自己服务。

心灵箴言

暴躁是一种虚怯的表现。

——[法国] 大仲马

能控制好自己情绪的人，比能拿下一座城池的将军更伟大。

——[法] 拿破仑

急躁没有用，后悔更没用；急躁增加罪过，后悔给你新罪过。

——[德] 歌德

剔除嫉妒这个心灵毒刺

故事话题

百鸟园准备举行一次“百鸟歌唱大赛”，别说，鸟儿们还真踊跃，大家都来了，其中闹得最欢的就是小麻雀！

很快，歌唱大赛开始了，特约嘉宾老虎警长、猎狗法官、狐狸记者也先后就位，大家都在期待着各位选手的精彩表现。

一号选于是杜鹃，它那婉转动听的声音一下子就将大家全部吸引了，一曲完毕，台下爆发出雷鸣般的掌声。

“好，唱得太好啦！

二号选手是黄莺，它的歌声时而低沉，时而高亢，时而清脆，时而柔美，令观众们如痴如醉，不知不觉沉醉起来。

“好美的歌声，太美了！”看着每位选手都赢得了大家的称赞和喜爱，排在最后的小麻雀不屑地撇着嘴，自言自语道：“唱得这么难听，也能叫好?大家真是太没眼光啦！”终于轮到小麻雀了，谁知，在这个关键时刻，它竟然紧张得唱不出来啦！台下的观众为了鼓励它，不断为它鼓掌加油，可越是这样，它反而越唱不出。结果，小麻雀在台上站了老半天，却一句都没有唱，大家顿时感到非常失望。

最后，经过嘉宾和观众的评比，黄莺获得了这次歌唱比赛的冠军，小麻雀则被远远地甩在了后面。

当大家依次祝贺黄莺的时候，小麻雀却妒忌地说：“得冠军有什么了不起，那是你运气好而已，要不是我让你，你怎么可能得冠军呢?”

黄莺回答道：“麻雀妹妹说得对，其实你唱歌很好听，只是喉咙被塞住，唱不出来罢了。”

故事解析

有的人因为看到了别人的优越之处，心里不平衡，所以嫉妒。这其实是错误的，许多事物我们只看到了它们的表面，表面看上去风光，有的事物背后未必如此。就像一张盾，也有两面不同的样子，如果你只看到了一面就下结论，那结论一定不够准确。而且，羡慕他人，然后虚心向他人学习，不和他人比较才是我们面对他人的优越应有的态度。毕竟人是活的自己的人生，老是盯着别人，反而活的很累。

而面对他人的嫉妒，我们不妨忽略它，然后努力让自己发展的更好。毕竟生活的空间是广阔的，像大海一样，我们可以继续努力。嫉妒他人，不如向他人学习，羡慕他人，不如不和他人比较，毕竟每个人都有属于自己的幸福生活。

故事穿越

在一个名叫德舍尔多夫的小镇上有一个著名的艺术家，他的作品非常出名，一天，连王子都慕名来请他做雕像，王子要做的是一个自己骑马的铜雕像。艺术家接了活儿便没日没夜地忙起来。

终于，巨大的雕像做成了，被立在德舍尔多夫镇的广场上。王子带了几位大臣来看。雕像是那么地漂亮，王子看到了忍不住惊叹起来。他像个老朋友一样跟艺术家握了手，称赞道："你太伟大了，这尊雕像会使你更加出名。你把我雕得很完美。"王子身边的大臣们听了，对艺术家又妒又恨，想着用什么法子污辱他一番。当然，他们不能挑王子雕像的缺点，因为王子已经说它很完美了。

所以，有个大臣站出来说道："请允许我说个不足之处，这匹马的头雕得太大了，跟整座雕像不协调。"另一个接着说："马脖子的弯度不好，这样比较难看。"第三个说："如果把马的右后腿改进一下，这匹马会更加好看。"还有一个人说马尾巴有缺点。

艺术家静静地听他们说完，转向王子说："大臣们找出了马的很多缺点，您让我用几天时间来把这些缺点改正过来吧。"王子同意了。

艺术家在雕像的四周围起了屏风，说这样可以不受打扰地工作。外面的人们只听到里面“叮叮”地敲响。几天之后，响声停了。艺术家又叫王子和大臣们来看修改好的雕像。

看完后，大臣们一个接一个地说原来的毛病没有了。王子说：“大臣们非常满意，谢谢你对雕像进行了修改。”

艺术家微笑道：“他们满意就好了，但实际上，我根本没对雕像进行任何修改。”王子惊讶地问道：“那你每天‘叮叮’地敲什么？”

艺术家说：“我在敲大臣们的声望，现在大家都知道了，他们说马的缺点只是出于嫉妒。我想我应该把他们的声望敲碎。”王子听了，大笑起来，而他身边的大臣们则灰溜溜地跑了。

故事微语

每个人都有嫉妒心理的，区别在于有的人会合理利用学习别人的长处，而不是在计划着怎样诋毁别人，人不可能是完美无瑕的总是会有些缺陷，我们要用平常心态去面对别人的优点，而不是用嫉妒的眼光。

嫉妒是一种卑下的情感，嫉妒会使人失去理智，甚至造成不可估量的损失。而对于嫉妒者的中伤，最妙的回击是置之一笑。嫉妒者总是用望远镜观察一切。在望远镜中，小物体变大，矮子变成巨人，疑点变为事实。嫉妒的滋味虽不好受，但每个人或多或少都曾有所体会。如果我们把嫉妒之心发展为仇恨，那么非但伤害了别人，也使自己困于畸形的心态中。相反，如果我们能把妒意变成前进的动力，那么这种“好嫉妒”就能帮助我们成长，提高自身的竞争力。

“嫉妒”可以成就人的一生也可以毁掉人的一生，主要在于个人用怎样的心态去面对，有时候我们应该学着改变心态，不要总活在别人的阴影下解脱不了要放开自己的心。

心灵箴言

嫉妒生于利欲，而不生于贤美。

——黄道周

在嫉妒心重的人看来，没有比他人的不幸更能令他快乐，亦没有他人的幸福，更能令他不安。

——[英] 斯宾诺莎

嫉妒心是荣誉的害虫，要想消灭嫉妒心，最好的方法是表明自己的目的是在求事功而不求名声。

——[英] 培根

清醒一些，没有无法割舍的自卑

故事话题

一天，一个高傲的武士，前来拜访禅宗大师。他本是一个出色且颇具威名的武士，但当他看到大师俊朗的外形，优雅的举止，猛然自卑起来。

他对大师说道：“为什么我会感到自卑?仅仅在一分钟前，我还是好好的。但我刚跨进你的院子，便突然自卑起来。以前，我从没有过这种感觉。我曾经无数次面对死亡，但从没有感到恐惧，为什么现在感到有些惊恐了呢?”

大师对他说道：“你耐心地等一下，等这里所有的人都离开后，我会告诉你答案。”

一整天，前来拜访大师的人都络绎不绝，武士等得心急火燎。直到晚上，房间里才空寂起来。武士急切地说道：“现在，你可以回答我了吧?”

大师说：“到外面来吧。”

这是一个满月的夜晚，刚刚冲出地平线的月亮发出皎洁的光辉，大师说道：“看看这些树，这棵树高入云端，而它旁边的这棵，还不及它的一半高，它们在我的窗户外面已经存在好多年了，从没有发生过什么问题。这棵小树也从没有对大树说：‘为什么在你面前我总感到自卑?’一个这么高，一个这么矮，为什么我却从未听到抱怨呢?”

武士说道：“因为它们不会比较。”大师回答道：“那么你就不需要问我了。你已经知道答案了。”

故事解析

自卑是一种消极的自我评价或自我意识，自卑感是个体对自己能力和品质评价偏低的一种消极情感。自卑感的产生，往往并非认识上的不同，而是感觉上的差异。其根源就是人们不喜欢用现实的标准或尺度来衡量自己，而相信或假定自己应该达到某种标准或尺度。如“我应该如此这般”、“我应该象某人一样”等。

这种追求大多脱离实际，只会滋生更多的烦恼和自卑，使自己更加抑郁和自责。自卑是人生成功之大敌。自古以来，多少人为自卑而深深苦恼，多少人为寻找克服自卑的方法而苦苦寻觅。

自卑虽然普遍存在，看似无大害，但由于它影响的是人们对自我的评价和对幸福的感受，因此可以说，一个长期被自卑笼罩的人很难享受到喜悦和满足，自然也就奢谈发自内心的快乐。对付自卑自己主动察觉，主动出击是最好的办法，因为这将是一个自我成长、对自我从新认识和定位的过程。

故事穿越

解放黑奴的美国总统林肯，不仅是私生子，出生微贱，且面貌丑陋，言谈举止缺乏风度，他对自己的这些缺陷十分敏感。为了补偿这些缺陷，他力求从教育方面来汲取力量，拼命自修以克服早期的知识贫乏和孤陋寡闻。

他在烛光、灯光、水光前读书，尽管眼眶越陷越深，但知识的营养却对自身的缺陷作了全面补偿。他最终摆脱了自卑，并成为有杰出贡献的美国总统。

故事微语

任何一个正常人都会有自卑感。许多表面看来非常骄傲的人其内心的自卑体验丝毫不比他人少，只是不轻易流露罢了。

自卑的人总是妄自菲薄，认为自己比不上别人，进而悲观失望，严重者甚至会与成功失之交臂。自卑心理还会让人产生悲观失望的心理，从而不思进取，破罐子破摔，自己的聪明才智也得不到正常的发挥。很多研究资料表明，引发失足少年犯罪的罪魁就是自卑心理，他们会认为自己在某些方面不如别人，从而产生的消极情感，丧失前进的信心和动力，最后做出对社会有害的行为。

自卑并不是坏东西。但如果一个人无法超越自卑，被自卑情结压倒，从而萎靡不振，自卑就是最坏的东西。如果一个人在其成长过程中曾有过非常多的自卑体验，但同时不甘于现状，奋发努力，他恰恰可能成为很优秀的人。

心灵箴言

人应该谦逊，但不能自卑。

——[美] 姚乐丝·卡内基

恢弘志士之气，不宜妄自菲薄。

——诸葛亮

人们不太看重自己的力量，这就是他们软弱的原因。

——[苏联] 高尔基

若被抑郁禁锢，心灵就无法看到阳光

故事话题

这是一则在哈佛教育学院心理学系无人不知的著名故事。

有一名中年男子在他患抑郁症期间说了一段撼人心扉的话：

“现在我成了世界上最可怜的人。如果我个人的感受能平均分配到世界上每个家庭中，那么，这个世上将不再会有一张笑脸，我不知道自己能否好起来，我现在这样真是很无奈。对我来说，或者死去，或者好起来，别无他路。”

这名中年男子就是亚伯拉罕•林肯，作为美国第十六任总统，林肯也未能幸免于抑郁症的折磨并且这种绝望困扰了他一生。虽然林肯能够预见自己的未来，知道自己会成为最受世人景仰的总统之一，但这丝毫不能减少他的抑郁。抑郁症是如此之顽固，它甚至可以毫无阻拦地闯入人们的生活，无论这个人拥有怎样的成就、社会地位、教育水平、财富、宗教信仰或文化。任何人都有患上抑郁症的可能性。

抑郁症困扰世人已经有很长一段时间了，早在两千多年前的著作中就曾有人提及抑郁症患者，这些抑郁症患者中有很多是历史名人，包括国家元首、艺术家、作家、神职人员和科学家，当然，还有普通人。然而，幸运的是林肯最终走出了抑郁的状态，否则我们也不会看到后来名垂青史的一位伟大总统了。

故事解析

抑郁是人们常见的情绪困扰，是一种感到无力应付外界压力而产生的消极情绪，常常伴有厌恶、痛苦、羞愧、自卑等情绪体验。长期忧郁会使人的身心受到损害，使人无法正常地工作、学习和生活。

想要克服抑郁，应该有客观评价自己和他人的本领，不应妄自尊大，更不妄自菲薄，看清自己的长处，建立自尊，增强自信。不盲目地把自己同别人做比较，不管别人是否比你得到更多的好处，你都不要在意，重要的是自己的感觉。常以积极健康的心态鼓励自己，从中体验到更多的成功和快乐。

故事穿越

艾米时常感到很郁闷。日复一日，艾米总是感到很郁闷，想不到该做什么。虽然在学校的时间还算混得过去，但是在课堂上大部分时间她都不能集中精力，她的学习成绩开始落在同学们后面了。

在休息的时候，她不想去玩儿，而是宁愿独自绕着操场闲逛，或是盯着草丛中的不同颜色发呆。

爱丽丝是艾米最好的朋友。因为艾米不爱说话也不爱玩儿荡秋千，现在爱丽丝每天都会和罗伯特玩儿荡秋千。艾米真的希望爱丽丝和罗伯特过来邀请她一起去玩儿，可是她的朋友们以为她只想一个人呆着。就这样日复一日，艾米还是感到很郁闷，她想不到自己该做些什么。

有一天，艾米的妈妈问艾米下午想不想把自己的朋友请到家里来吃点小点心并一起玩儿。艾米心里想这应该很有趣，可是她却对妈妈说："随便，我无所谓。"于是整个下午艾米就独自度过了，她一直呆在家看电视了。

吃晚饭的时候，妈妈问艾米感觉怎么样，艾米对妈妈说："很好。"艾米吃完晚饭就去睡觉了，她希望明天能够感觉好一点。就这样日复一日……艾米依然感到很郁闷，不知道该做什么。

但是，艾米的妈妈意识问题的严重性，她认为，是时候让艾米击败抑郁，使自己变得开心一些了……

故事微语

抑郁的人过分注意别人脸色，以至更加束手无策，不敢行事，或者自暴自弃，不能有所进取。做事时常常灰心大于信心，对失败只认为"早知道结果会是这样"。对事物只抓住它的消极部分，并牢牢记住。把发生的一切不顺心的事，包括别人所干的事，都归诸自己，即使外出，正巧天气不好，也会自认倒霉。这样是不对的。

想要克服抑郁的消极情绪，要注意不把事物看成是非黑即白，遇到不愉快的事，要从好处和积极方面着想，以微笑面对痛苦，以乐观战胜困难。

不要拘泥于自我这个小天地里，应该置身于集体之中，多与人沟通，多交朋友，尤其多和精力充沛、充满活力的人相处。这些洋溢着生命活力的人会使你更多地感受到事物的光明和美好。

要善于向知心朋友、家人诉说自己不愉快的事。当处于极其悲哀的痛苦中，要学会哭泣。另外，多参加文体活动、写日记、写不寄出的信等等，都可以帮助消除心理紧张，避免过度抑郁。

心灵箴言

幻想出来的痛苦一样可以伤人。

——[德] 海涅

克服自己消极的、钻牛角尖的扭曲的思想方式，便能增加效率，提高自尊心。

——[美] 伯恩斯

绝望是对无法获取任何益处的处境的想法,其作用因人而异;有时会带来不安或痛苦;有时会带来平静和懒散。

——[英] 洛克

摆脱抱怨，你才能越走越高

故事话题

1814 年，他出生在德国法兰克福的一个富豪家庭，在那里他度过了自己无忧无虑的少年时代。让人意想不到的是，在 1833 年，他的家族，因政治迫害逃到了瑞士，家道中落，让他尝到了从未有过的艰辛，他的脾气也因此变得十分暴躁。

有一天，他路过一块农田，这里刚刚经过一次洪水的侵袭，长势良好的庄稼被无情地毁坏，一片狼藉，惨不忍睹。这不由让他联想到自己命运的变迁。

这时，远处一个正在劳作的农民闯入了他的视线。庄稼已经成了这样了，他还在忙什么?他好奇地想。走近后，他发现那个农民正在补种庄稼，他干得非常卖力，脸上看不到一点沮丧的神情。“庄稼被毁掉了，你难道一点也不生气吗?”他问。

“抱怨是没有一点效果的，那样只会使事情变得更糟糕。这都是上帝的安排，您看洪水虽毁坏了我的庄稼，但是却带来了丰富的养料，我敢保证今年一定是个丰收年。”说完，农民哈哈大笑起来。

农民的话给了他极大的启发，是啊，抱怨不能改变任何事实，只能使事情变得更糟糕。他对农民深深地鞠了一躬，觉得心中的郁闷与不快都烟消云散了。

后来，他成了一名药剂师助手，他特别喜欢科学研究。那时，婴儿因没有合适的奶制品，死亡率很高，他开始研究可以减少婴儿死亡的奶制品。在研制的过程中。他经历过很多次失败，每次失败时他都会想到那位农民的话，不生气不抱怨，以更加积极的心态投入到研究中去。

1867 年他成立了自己的食品公司，用他研制的一种将牛奶与麦粉科学地混制而成的婴儿奶麦粉，成功地挽救了因母乳不足而营养不良婴儿的生命，从此，开创了公司辉煌的百年历程。

那个年轻人就是亨利•内斯特莱，他所创立的公司叫雀巢。

故事解析

当你表达出你不喜欢什么——无论是你自己，你的工作、家庭、收入、健康或是任何东西，你就会找到更多不满的对象和事物。在我们身边总有那么多不如意的事，你会频频听到许多抱怨的声音。人的欲望是无止尽的，当你在抱怨身边的事的时候，你不但没能如愿，而且还会使得自己变得不快乐，变得更累。

其实身边有许多事是值得我们学习的，不要把抱怨放在心间，而是学会把不如意抛在脑后。把时间花在进步上，而不是抱怨上，这就是成功的秘诀。

故事穿越

有一头驴，掉到了一个很深很深的废弃的陷阱里。主人权衡一下，认为救它上来不划算，走了。只留下它孤零零的自己。

每天，还有人往陷阱里面倒垃圾，驴很生气：自己真倒霉，掉到了陷阱里，主人不要他了，就连死也不让他死得舒服点，每天还有那么多垃圾扔在他旁边。

可是有一天，它的思维发生了转变，它决定改变它的人生态度，它每天都把垃圾踩到自己的脚下，而不是被垃圾所淹没，并从垃圾中找些残羹来维持自己的体能。终于有一天，垃圾成为它的垫脚石，使它重新回到了地面上。

故事微语

不要抱怨你的不如意，不要抱怨你的男人穷，你的女人丑，不要抱怨你没有一个温暖的家，不要抱怨你的工作差，工资少，工作累，不要抱怨你身体有哪里不舒服，不要抱怨你空怀一身绝技没人赏识你。现实有太多的不如意，当你没办法去改变你不如意的事的时候，就学会试着改变自己，改变自己的想法，改变自己的态度，把不如意的事抛在脑后，让快乐贴身跟随。其实我们每一个人都没有权利去责备任何一个人，和不如意的事，不抱怨的世界里多一份宽容和鼓励，让这个世界更美丽。

人生不过如此，又有什么值得你去伤悲的事，你就当它是踩在脚下的垃圾好了，让它成为你人生成功的垫脚石。让我们携手共同努力，改变自己的态度和想法，做个不抱怨的人，把我们的生活编织的更加美好。

心灵箴言

永不抱怨的人生态度才是第一位的。

——马云

人生是不公平的，习惯去接受它吧。请记住，永远都不要抱怨！

——[美] 比尔·盖茨

遇到挫折要从容面对，不抱怨、不放弃……只要继续努力，就一定会成功。

——唐骏

第五篇

做好自己：学会在微笑中获得力量

做好自己，让自己以一种平常恬静的心态，微笑着去品味与珍惜生活中的酸甜苦辣，去渗透与超越人世间的功名利禄，于平凡之中作出不平凡的业绩，从而实现人生追求的最高境界。

经常反省自己，弯路之后是平坦

故事话题

夏朝时候，一个背叛的诸侯有扈氏率兵入侵，夏禹派他的儿子伯启抵抗，结果伯启被打败了。

他的部下很不服气，要求继续进攻，但是伯启说："不必了，我的兵比他多，地也比他大，却被他打败了，这一定是我的德行不如他，带兵方法不如他的缘故。从今天起，我一定要努力改正过来才是。" 从此以后，伯启每天很早便起床工作，粗茶淡饭，照顾百姓，任用有才干的人，尊敬有品德的人。

过了一年，有扈氏知道了，不但不敢再来侵犯，反而自动投降了。

故事解析

遇到失败或挫折，假如能像伯启这样，肯虚心地检讨自己，马上改正有缺失的地方，那么最后的成功，一定是属于你的。

每个人都不是完美无缺、十全十美的，都有说错话、做错事的时候。没有人能保证自己每一件事都做得对，都不犯错误，重要的是，你以什么样的态度对待自己的过失、不足和错误。能不能像古人那样，每天都对自己进行严格的剖析，对自己进行认真的"拷问"，以君子的方式要求自己"一日三省吾身"在古人看来天经地义，但今天许多人却很难做到。

一个具备反省能力的人一定要具有自我否定精神，就是要勇于认错。每个人都会有错误和缺点，有了错误，主动接受批评和自我批评，认真反省自身缺点，从而不断改进自己、升华自己。反省是心灵镜鉴的拂拭，是精神的洗濯。反省的过程就是一个人心智不断提高的过程，是一个人心灵不断升华的过程，也是我们对所遵循的标准不断反思和不断提高的过程。

故事穿越

一次，一位下属因经验欠缺而使一笔贷款难以收回，松下幸之助勃然大怒，在大会上狠狠地批评了这位下属。

事后，仔细一想，松下为自己的过激行为深感不安。因为那笔贷款发放单上自己也签了字，下属只是未摸准情况而已。既然自己也应负一定的责任，那么就不应该这么严厉地批评下属了。想通之后，他马上打电话给那位下属，诚恳地道歉。恰巧那天下属乔迁新居，松下幸之助得知后便立即登门祝贺，还亲自为下属搬家具，忙得满头大汗。而且，事情并未就此结束。一年后的这一天，这位下属收到了松下的一张明信片，上面留下了一行亲笔字：“让我们忘掉这可恶的一天吧，重新迎接新一天的到来！”看到松下的亲笔信，这位下属感动得热泪盈眶。

故事微语

知耻者近乎勇。连领导都能够自省自检，还有什么办不到的呢？

一个具备反省能力的人一定能够对自己提出严格要求。他们总是寻找自己的不足，力求改进这些不足；他们总是能够虚心听取别人的意见，从别人的建议中汲取营养，使自己变得更加完善；他们不会害怕自我批判和自我否认，因为他们知道自我否认的目的是为了使自己达到一个更高的层次。

当然自省不一定全部是反面的，有时候正面的东西也需要加以总结巩固。邓小平同志指出：“过去的成功是我们的财富，过去的错误也是我们的财富。”正确的东西会使你变得更加聪慧，错误的东西会使你变得更加清醒。

自省是认识自我、发展自我、完善自我和实现自我价值的最佳方法。心平气和地正视自己，客观地反省自己，既是一个人修身养德必备的基本功之一，又是增强人之生存实力的一条重要途径。因此，在自我否认的背后，他们实际上有着充分的自信，在不断的反省中获取前进的力量，让自己变得更优秀。

心灵箴言

见贤思齐，见不贤而内省。

——孔子

我的确时时解剖别人，然而更多地是更无情地解剖我自己。

——鲁迅

吾日三省吾身：为人谋而不忠乎？与朋友交而不信乎？传不习乎？

——曾参

用一颗平常心坐看云卷云舒

故事话题

故事一：

三伏天，寺院里的草地枯黄了一大片，很难看。

小和尚看不过去，对师傅说："师傅，快撒点种子吧！"

师傅曰："不着急，随时。"

种子到手了，师傅对小和尚说："去种吧。"不料，一阵风起，撒下去不少，也吹走不少。

小和尚着急地对师傅说："师傅，好多种子都被吹飞了。"

师傅说："没关系，吹走的净是空的，撒下去也发不了芽，随性。"

刚撒完种子，这时飞来几只小鸟，在土里一阵刨食。小和尚急着对小鸟连轰带赶，然后向师傅报告说："糟了，种子都被鸟吃了。"

师傅说："急什么，种子多着呢，吃不完，随遇。"

半夜，一阵狂风暴雨。小和尚来到师傅房间带着哭腔对师傅说："这下全完了，种子都被雨水冲走了。"

师傅答："冲就冲吧，冲到哪儿都是发芽，随缘。"

几天过去了，昔日光秃秃的地上长出了许多新绿，连没有播种到的地方也有小苗探出了头。小和尚高兴地说："师傅，快来看呐，都长出来了。"

师傅却依然平静如昔地说："应该是这样吧，随喜。"

故事二：

有一个学僧到法堂请示禅师道："禅师！我常常打坐，时时念经、早起早睡、心无杂念，自忖在您座下没有一个人比我更用功了，为什么就是无法开悟？"

禅师拿了一个葫芦、一把粗盐，交给学僧说道："你去将葫芦装满水，再把盐倒进去，使它立刻溶化，你就会开悟了！"

学僧依样葫芦，遵示照办，过不多久，跑回来说道："葫芦口太小，我把盐块装进去，它不化；伸进筷子，又搅不动，我还是无法开悟。"

禅师拿起葫芦倒掉了一些水，只摇几下，盐块就溶化了，禅师慈祥的说道："一天到晚用功，不留一些平常心，就如同装满水的葫芦，摇不动，搅不得，如何化盐，又如何开悟？"

学僧："难道不用功可以开悟吗？"

禅师："修行如弹琴，弦太紧会断，弦太松弹不出声音，中道平常心才是悟道之本。"

学僧终于领悟。

世间事，不是一味执着就能进步的，读死书而不活用，不能获益。留一点空间，给自己转身；余一些时间，给自己思考，不急不缓，不紧不松，那就是入道之门了。

故事解析

在日常生活中不难见到，有的人不是在成功的掌声鲜花中变得飘飘然而止步不前，就是在失败的打击中变得心灰意冷而一蹶不振，不是在赢了的时候目光一切得意忘形，就是在输了的时候万念俱灰垂头丧气，不是让荣誉成为包袱压力而变得患失畏首畏尾，就是用一时的屈辱把自己整个人生涂得一片漆黑……尽管各不个同，皆因为缺少一颗平常心，既拿不起，又放不下，既输不得，又赢不起。

只要怀着一颗平常之心，我们就能做到豁达而不失节制，恬淡而不失执著，宁静而不失勤勉。

平常心不是平庸心，不是对什么都无所谓，得过且过，碌碌度日。

具有平常心的人并不对排斥同时拥有远大抱负，勃勃雄心，只是在艰苦的付出后对成败得失不那么看重。我们努力了、奋斗了，只求无愧于心就行了。具有平常心的人往往能作出不平常的事业，因为他们轻装上阵，没有精神负担，成功往往会垂青他们。

故事穿越

20世纪70年代初，在爱丽舍宫举办的一次晚宴上，法国总统蓬皮杜约请到客人中正好有罗斯柴尔德家族的拉菲酒庄庄主埃利男爵。蓬皮杜先生当过罗斯柴尔德银行的总经理，另外，罗斯柴尔德在世界的影响力也是很大的。

当时，埃利男爵对蓬皮杜说："感谢总统选用我的1953年份拉菲，我深感荣幸。"而总统却回答说："不，您喝的是1953年的宝捷，宝捷庄园。"

埃利男爵难以置信，总统让侍酒师拿来空瓶子请他验证，果然是1953年的宝捷。由于斟酒的时候使用了滗酒器（国人经常称之为醒酒器），所以埃利男爵硬是被总统忽悠了。

这个典故出自英国著名酒评家克莱夫·科茨的经典作品《波尔多顶级酒庄及葡萄酒》中。

曾经有人问一个做葡萄酒服务的酒侍："你是做葡萄酒服务的酒侍，喝过多少酒？"

酒侍回答："不记得了"。

那人又问："喝过拉菲吗？"

酒侍回答："喝过副牌。"

那人说："哦 就是小拉菲吧。连拉菲都没喝过，那你就没资格说你是侍酒师。"

酒侍答："拉菲是好酒，很迷人。但国内这么虚高的价格，我不会去喝。葡萄酒的世界是博大的，每支酒都会给你带来惊喜，名气和价格并不代表一切。世界上没有好酒和不好的酒，只有喜欢和不喜欢的酒，自己喜欢的酒就是好酒。"

故事微语

这位酒侍以一个平常的心态去看待各种酒，即使是价格高昂的拉菲，还是并不值多少钱的其他酒。在他心里，每瓶酒都有其独特的灵魂，也是他最欣赏的地方。

保持平常心，最关键的是对自己的人生价值要有正确的定位，生活的辩证告诉我们，恰恰就是要投身于不起眼的平常人的人和事之中，才能把不平凡的人生价值创造出来。怀有平常心，就是把自己当成平常人中的一员，和平常人同甘共苦，休戚相关，多做一些平常人所欢迎、所称道的平常之事，这才是实现人生价值的必经之路。这也是我党一贯提倡和实践的人民服务宗旨转化为实际行动的印证，想寻常百姓之所想，急寻常百姓之所需。

让我们以一种平常恬静的心态去品味与珍惜生活中的酸甜苦辣，去渗透与超越人世间的功名利禄，于平凡之中作出不平凡的业绩，从而实现人生追求的最高境界。

心灵箴言

一个人的自信心来自内心的淡定与坦然。

——于丹

热不可除，而热恼可除，秋在清凉台上。穷不可除，而穷愁可除，春在安乐窝中。

——山阴金先生

心安身自安，身安室自宽。心与身俱安，何事能相干。谁谓一身小，其安若泰山。谁谓一室小，宽如天地间。

——邵雍

博学多思定能成为“多知”的人

故事话题

在全世界 IBM 管理人员的桌上，都摆着一块金属板，上面写着“Think”(想)。这个字的精粹，是 IBM 创始人华特森(Thomas J•Pwatson)创造的。

有一天，寒风刺骨，阴雨霏霏，华特森一大早就主持了一项销售会议。会议一直进行到下午，气氛沉闷，无人发言，大家逐渐显得焦躁不安。

突然，华特森在黑板上写了一个很大的“Think”，然后对大家说：“我们共同缺的是，对每一个问题充分地去思考，别忘了，我们都是靠脑筋赚得薪水的。”

从此，“Think”成为了华特森和公司的座右铭。

故事解析

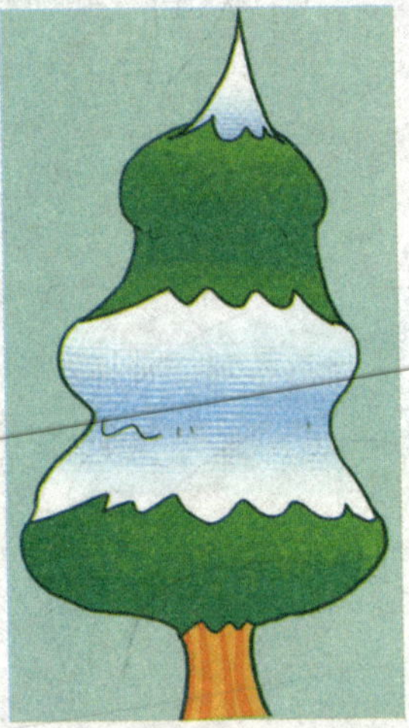

古人早就告诫我们：心之官则思，不思则不得也。人类的脑细胞约有 165 亿个，一般人只用了不到 1000 万个，专家认为最少也要用 1/10，即 1 亿千锤百炼百万个，所以我们真应该动动脑，好好地去思考。

思考对于任何一个人来说，都是极其重要的。没有思想的人，是很难走出自己的风格的。要真正活出自己怕道路来，就必须拥有自己的思想。必须要善于思考问题。我越来越发觉，我们很多的朋友，恰恰缺少的就是思考，对任何一件事情，无法形成自己的思维，永远只跟着别人的脚步走，缺少思考的人，其灵魂就很难被提升到另一个高度，对事情的理解也会局限与片面。

任何一个人，都应该要形成自己的思维，对每一件事情，都应该多思才，中国有句古话：三思而后行，虽然用在这里有点牵强，但是，在做任何事情的时候，如果我们给予其更多的思考的话，我想我们将其做成功的概率一定会大大提高。

故事穿越

明代文学家、书画家徐渭，民间流传着很多他的善于思考，十分机智故事。

一天清早，不到10岁的徐文长去私塾读书，走近村外那座石桥，远远看见桥堍围观了好些闲人，还听得河道里大大咧咧的争吵声，便急步朝石桥奔去。挤进人群，钻出来站到桥墩边，吵骂声就清晰了：“前面的乌船快让道，我们要赶路呐！”

“我过不了桥洞。”

“笨蛋，把稻草搬掉几层嘛。”

“搬上河岸，过了桥又要搬上船，这样要耽搁多少工夫啊？”

“谁叫你装这么多？你晓得耽搁自己的工夫，就不怕耽搁旁人的工夫？”吵到后来，骂娘的话也出来了，越骂越难听。徐文长见那只挡道的

小船满载着稻草，恰好高出桥洞半尺光景，小船横竖过不了桥。后边大小船只排成了长蛇阵。船老大们高声怨怪，叫骂不绝。

岸上围观者见这么僵持下去不是办法，便有几个好心的青年自告奋勇地跳下岸，对稻草船主人说：“哎，你不要怕麻烦，我们都来帮你搬上搬下就是。”船主也不好再硬撑下去，只得同意搬草。

可是当船主刚刚搬了两捆稻草甩给岸边的青年时，徐文长大声呼叫道：“不用搬，不用搬，我有好办法——往船舱里舀水，船重了吃水就深，稻草顶就会低于桥顶的嘛！”

众人异口同声说：“好办法，好办法。”稻草主人按照徐文长的办法去做，果然很快顺利地通过桥洞。阻碍消除了，一长串大小船只逶迤地划过桥洞。

又有一天，徐文长的伯父把两只小木桶装满水，然后领着徐文长同一群孩子走到一座又矮又小的竹桥边，对大家说："谁能把这两桶水提过桥，我就送他一包礼物。"嘴里对小朋友说，眼睛却望着徐文长。

徐文长心里明白，说是考大家，其实是难难自己，因为这座竹桥桥身很软，有弹性，又贴近水面，人一走上去，桥身就会弯下去碰到水面。如若一手提着一个水桶走过桥，水不泼翻才怪呢。好久好久，小朋友没有一个吭声的。

徐文长说："那我来试试吧。"说着，他脱去鞋子，用两根绳子系着小桶，将小桶置入竹桥旁边的水里，便走上竹桥，拖着小桶毫不费力地过了桥。小朋友们齐声喝彩。伯父不得不暗暗叫声"好"字，脑子里忽地又跳出一个主意，便说："文长啊，我说话要算数，喏，这包礼物你来拿吧。"徐文长一看，只见伯父将那包礼物吊在一根长长的竹竿梢上，便笑嘻嘻地走上前去解开。

"慢！"伯父叫了一声，"你要拿礼物，必须遵守两个条件：第一，不能把竹竿横躺下来；第二，不能垫凳站高去拿。"

小朋友们顿时起了一阵小哄："伯伯存心刁难人嘛！"

徐文长那对滴溜溜的眼珠子转了转，便笑道："我一定遵守伯父的条件。"说着，他就捏住竹竿，举着它走到一口水井旁边，再把竹竿慢慢从井口放下去，当竹竿梢放到和他齐身时，便顺手从竹竿梢上解下那包礼物。"好！"小朋友们和徐文长的伯父禁不住都高声夸赞起来。

故事微语

我们遇到事情要多动脑筋，这样不仅自己可以学到更多的知识，而且能不断地锻炼的想象思维。画家徐渭小时候就是个很聪明的人，善于动脑筋，在不断的实践中锻炼了遇事就要动脑筋的好习惯。

从今天起，做一个善于思考的人吧，只有善于思考的人，才能达到自己预期的目标，也才会逐步地开阔自己的眼界，拓展自己的思维，才会更快地取得成功！可以这么说，善于思考的人不一定能取得成功，但成功的人一定是善于思考的人。

心灵箴言

我思故我在。

——[法] 笛卡尔

沉思就是劳动，思考就是行动。

——[法] 雨果

业精于勤而荒于嬉，行成于思而毁于随。

——韩愈

勇气是能够穿过黑暗的光芒

故事话题

那是在 1944 年圣诞节前数周。欧洲原本美丽的冬日风景因战争而蒙上阴影。

这是第二次世界大战。德军伏在自己战壕内，另一方则是美军。双方的枪炮声不断响起，在他们之间是一条狭长的无人地带。一位受伤的年轻德国士兵试图爬过那无人地带。结果被带钩的铁丝缠住，发出痛苦的哀号，不住地呜咽着。

在枪炮声之间，附近的美军都听得到他的尖叫。一位美军士兵无法再忍受，爬出战壕，匍匐着向那德国士兵爬过去。其余的美军明白了他的意图后，便停止了射击，但德军仍炮火不辍，直到一位军官明白过来，才命令停火。

无人地带顿时出现了一阵奇怪的沉寂。年轻的美国士兵爬到德国士兵身边，帮他摆脱了铁钩的纠缠，扶起他向德军的战壕走去，交给迎接的人之后，转身准备离去。

忽然，一只手搭上了他的肩膀。回过头来，原来是一位佩戴着铁十字荣誉勋章——德国最高勇气标志——德军军官，他从自己制服上扯下勋章，别在美军士兵胸前，让他走回自己的阵营。

当美国士兵安全抵达己方战壕时，双方又恢复了那毫无道理的战事。

故事解析

勇是一种神圣的力量，鼓起勇的人，在改变自己的同时，也拯救了他人。如同上述故事中救人的美国士兵。

人是需要勇气的。没有勇气的人就像失去了脊柱，直不起腰，挺不起背来，只能匍匐在人生之路上，阳光照不到他的身上，幸运女神也绝不眷顾这样的人。生命中不能缺少勇气。在人生的旅途中我们总会遇到各种挫折和磨难，这时候，我们需要勇气，用它来武装自己，披荆斩棘，以到达人生的巅峰。

勇气是一只永不熄灭的灯，熊熊的烈火燃烧在我心中。在我思想脆弱时，它将激励我克服困难，永远向前；在我又致命的弱点时，它又时时提醒我，要把握好自己，不要失足，不要陷入泥泞的漩涡之中。我终于清醒的告诉我自己，生活需要勇气，否则，人生的一切将会暗淡无光。

故事穿越

为了进军咖啡业，20 世纪 80 年代美国最负盛名的连锁餐厅——加州扒房的总裁雷诺兹和比萨饼店的总裁戴比，分别派出商业密探，去调查对方公司对经营咖啡店的真实意图。密探调查的结果很快反馈到了两位总裁的手里：对方是全美最有实力开发并经营咖啡店的公司，而且此次对咖啡店的开发是势在必得。

面对如此劲敌，两家公司的总裁犹豫了。如果两家公司都出巨资打造咖啡店抢占同一市场，所产生的后果将不堪设想，轻者会影响到双方正在经营的店铺，重者很有可能会两败俱伤。于是，加州扒房和比萨饼店双双告退。

结果，极为戏剧性的场景就在此时出现了：一家名叫星巴克的咖啡店，以惊人的速度抢占了市场，遍布了全美。今天，星巴克公司是北美地区一流的精制咖啡的零售商、烘烤商及一流品牌的拥有者。它的扩张速度让《财富》、《福布斯》等顶级刊物津津乐道，仅仅 10 多年时间，就从小作坊变成在全球拥有 5000 多家连锁店的大企业。

许多人说这家名不见经传的小咖啡店，是夹在那两家著名的大公司中间捡了个大便宜，其实不是这样。俗话说，狭路相逢勇者胜，它的成功完全取决于一种勇气。当市场的美好前景已被众所周知，当许多有实力的公司还在犹豫不决的时候，那么胜利就掌握在那个敢于出击的人的手中。

故事微语

没有勇气去争取，大好机会就这样流逝了，想必加州扒房的总裁雷诺兹和比萨饼店的总裁戴比，在看到星巴克崛起后一定会感到后悔。

要知道，只有拥有勇气，才能一路乘风破浪；拥有勇气，你就有了开道的长戟，一路过关斩将；拥有勇气，你才拥有完整的人生。厄运和不幸的降临，并不是意味着一事无成，造成一事无成的原因在于自己缺少勇气，在厄运面前退缩了。

我们的生活也需要勇气。当遇到难题时，要拿出能解决它的勇气。在遇到困难时，要拿出能克服它的勇气。当受到挫折时，要拿出站起来的勇气。在尝到成功时，要拿出更加努力的勇气面对挫折时，用勇气去战胜挫折这是失败的终点，也将会是辉煌的起点。

无论是个人还是整个民族，告诉他们：“雨后的彩虹，必然预示着灿烂的明天。”朋友，用微笑去面对挫折吧！搏击长空的雄鹰正是从这里展翅，人生的价值便在于战斗中的展现。朋友，用勇气去迎接挑战吧！人生的价值便会在这战斗中升华。

心灵箴言

勇气减轻了命运的打击

——[古希腊] 德谟克里特

有信心的人，可以化渺小为伟大，化平庸为神奇。

——[爱尔兰] 萧伯纳

人的勇气能承担一切重负；人的耐心能忍受绝大部分痛苦。

——[英] 塞缪尔·约翰逊

懂得满足：为拥有的感到幸福

故事话题

有一个天使，送信的时候在人间睡着了。醒来后，他发现翅膀被偷走了。没有翅膀的天使，能力比普通人还要小。他又冷又饿，来到一家门口。

“我是天使，请把门打开。”

这家人打开门，看天使被雨淋了，衣服皱巴巴的，问：“你给我们带来了什么礼物?”

天使回答：“我的翅膀丢了，回不到天堂去，没有礼物。”

“没有翅膀和礼物的天使不算天使!”这家人把门关上了。

他敲第二家、第三家的门，都受到拒绝。

天使没办法，穿上了暖和的衣服，对牧羊人述说自己的遭遇。

牧羊人说：“你即使不是天使，我也会给你一顿饭吃的。如果你没有别的事做，就留下和我一起牧羊吧。”

天使在人间的确不会什么手艺，便牧羊。

天使每天梳理一些羊毛留下，日积月累，他为自己织了一双羊毛的翅膀，在牧羊人目瞪口呆的注视下飞走了。

过了几天，天使来答谢牧羊人，问他要什么。

牧羊人说：“让我增加 100 只羊吧。”

羊群增加了 100 只，牧羊人比过去更累了。他找到天使，请他把羊收回去，为自己盖一所大房子。牧羊人在大房子里住着，发现到处是灰尘，打扫不过来。他用房子换了一匹马。牧羊人骑在马背上，但不知要到什么地方去，就把马还给了天使。

天使问：“你还要什么?”

牧羊人回答：“什么也不要了。”

天使说：“人从来都有很多愿望，你难道没有吗?”

牧羊人回答：“愿望实现之后，我才知道我不需要这些东西，它成了

我的累赘。”

天使说：“我送你一样无价之宝，那就是性格。你想有什么样的性格？”

牧羊人说：“我已经有了这样的性格，那就是知足。”

故事解析

快乐不快乐，只是心态问题。调整好自己的心态，学会满足才能使我们变得快乐起来。否则，快乐就会离我们而去。

容易满足＝幸福。这不是一个复杂的公式，不需要你去思索，钻研，也不需要你去开方或者求导。如若让它相等，那就需要你有一颗容易满足的心。

大肚能容天下难容之事。弥勒佛天生一副慈善的笑脸，他到哪里，哪里都会充满快乐。因为他很满足，只要人间没有苦难，那就是他最大的幸福。然而，生活中也不乏乐观心态的弥勒佛。对于他们，满足真的很容易。

故事穿越

有一只老鼠生活得十分快乐。它快乐的原因很简单。老鼠说：“我拥有一颗太阳。这是一颗多么神奇而伟大的宝贝，它给大地山川以灿烂的阳光，给每一种值物、每一个动物带来温暖和光明。”

相比之下，狮大王烦恼很多。狮大王因为争夺一块领地失败，丢了面子和尊严。它想到了自杀。

它发现老鼠很快乐。心想，自己丢了一块领地，也比老鼠威风多了。可是，老鼠却那样地快乐，而自己却痛苦得要死。

于是它捉住了老鼠。它对老鼠说：“你必须把你快乐的秘诀告诉我。否则我会吃了你。”

老鼠说：“我实在没有什么快乐的秘诀。我只是平平常常地活着而已。”

狮子说：“这决不可能。快乐总是有原因的。”

狮子见老鼠不肯说出快乐的秘诀。心里想，是不是老鼠有十分珍贵的宝贝。

它命令老鼠将自己最心爱的宝贝拿出来。

老鼠说：“我最心爱的宝贝是太阳。难道你不曾拥有它吗?”

狮子说：“太阳是什么好东西。大家都有份呀。”

老鼠说：“假如没有太阳呢?”

狮子感到很吃惊。因为，它从未想过这个问题。它试图往下想一想。这个假设实在太可怕了。这个假设告诉它：原来，太阳才是最宝贵的财富呀。

狮子明白了：老鼠说的是实话。它从心里对老鼠产生了深深的敬意。并且，它决定放了那只快乐无边的老鼠。

故事微语

人要知足常乐，什么事情都不能想繁杂，心灵负荷重了，就会怨天忧人。如果你简单，这个世界就对你简单。简单生活才能幸福生活。要定期对记忆进行一次删除，把不愉快的人和事从记忆中摈弃。格式化自己，就是为了删除你。张爱玲说：因为爱过，所以慈悲；因为懂得，所以宽容。

这个世上永远存在着一些无奈，而这些无奈，你永远无法改变”知足常乐，自得其乐。助人为乐，天天快乐。能付出爱心就是福，能消除烦恼就是慧。

心灵箴言

幸福的最大障碍就是期待过多的幸福。

——[法] 丰特奈尔

知足常足，终身不辱；知止常止，终身不耻。

——老子

贪心好比一个套结，把人的心越套越紧，结果把理智闭塞了。

——[法] 巴尔扎克

心灵榜样微史话

贝多芬：要走什么路只有我自己知道

贝多芬（1770—1827），德国作曲家、钢琴家、指挥家，维也纳古典乐派代表人物之一。贝多芬是世界艺术史上最伟大的作曲家之一，他的创作集中体现了他那巨人般的性格，反映了那个时代的进步思想，他的革命英雄主义形象可以用崇高加以概括。正如他的英雄史诗般的交响曲创作，也反映了他坚持走只属于自己的音乐之路的豪情。

有人说：“贝多芬的作品在每个人眼中是不同的，但孤独与奋斗永远是主旋律……扼住命运的咽喉，他已经做到了，每当欢乐颂响起时，宇宙为之动摇！”

1809 年拿破仑攻占维也纳，王子公孙纷纷逃难，贝多芬经济陷入困境。在战火弥漫的日子里，他依然留在维也纳，苦心创作，他的《皇帝》协奏曲就是在隆隆炮声中写出的。不管是为人处世还是在音乐上的方向，贝多芬从来都是按照自己意愿行事的，这也是他能够创作出那么多来自心灵深处的灵魂音乐的原因。

拿破仑：成为自己的“神”

拿破仑·波拿巴（1769—1821），出生于法国的科西嘉岛，他是一位世界著名的军事家、政治家。他是法兰西第一共和国执政官，是 19 世纪最著名的法兰西第一帝国的缔造者，于 1804 年 11 月 6 日加冕称帝。

拿破仑形式作物凭借自己聪明的头脑，而不是一味崇拜其他，他有自己的理念，并坚信自己能够创立伟大而辉煌的成就，且这些成就还是史无前例的。

他对对内多次镇压反动势力的叛乱，还颁布了《法国民法典》、《商法典》、《刑法典》，完善了世界法律体系，奠定了西方资本主义国家的社会秩序，传播了法国资产阶级革命的胜利果实。对外他五破反法联盟的入侵，沉重反击了欧洲各国的封建制度，捍卫了法国大革命的成果。他在法国执政期间多次对外扩张，发动了拿破仑全面战争。形成了庞大的拿破仑帝国体系，创造了一系列军政奇迹与短暂的辉煌成就。

拿破仑随后进行了多项军政、教育、司法、行政、立法、经济等方面的重大改革，其中最著名，并直到今天依然还有深远影响的是颁布了《拿破仑法典》，这是在政变的当天晚上，由拿破仑下令起草、制定的，许多条款都由拿破仑本人亲自参与讨论，并最终颁布，基本上总结、归纳了法兰西共和国大革命时期所提出的比较理性的基本原则、精髓。

张海迪：身残志坚，为理想而活

张海迪，山东省文登市人，中国著名残疾人作家，哲学硕士，英国约克大学荣誉博士。1983 年 3 月 7 日，团中央举行命名表彰大会，授予张海迪“优秀共青团员”光荣称号，并作出向她学习的决定。

1960 年张海迪五岁时因患脊髓血管瘤导致高位截瘫，自学完成了小学、中学和大学的学习，并学习针灸，在当地行医。1982 年 7 月 23 日同王佐良结婚。1983 年中国共产党决定将张海迪树立为宣传偶像。

张海迪得到了两个赞誉：一个是“八十年代新雷锋”，一个是“当代保尔”。张海迪历任第九、十届全国政协委员。2008 年 11 月当选中国残联第五届主席团主席，2013 年 9 月 19 日选举连任中国残联第六届主席团主席。张海迪说：“我是一个有理想的人，不愿意一生无所作为，做一个无聊的人。不多学些东西，我就不舒服。我愿把我的一生献给我喜爱的事业。我的腿虽然不好，可是多年我一直是那样的乐观，对美好的生活充满激情。”

马克思：保持清晰的革命头脑

马克思，全世界无产阶级的伟大导师、科学社会主义的创始人。伟大的政治家、哲学家、经济学家、革命理论家、社会学家、革命家。社会学三巨头之一。主要著作有《资本论》、《共产党宣言》。他是无产阶级的精神领袖，是当代共产主义运动的先驱。支持他理论的人被视为马克思主义者。

马克思认为，几千年以来，人类发展史上最大的矛盾与问题就在于不同阶级之间的利益掠夺。依据历史唯物论，马克思曾大胆地假设，资本主义终将被共产主义所取代。

马克思将实践概念引入哲学，使哲学同现代无产阶级（工人阶级）的解放联系起来了，将这个哲学彻底运用于社会历史领域导致了唯物史观的产生，在唯物史观的指导下，马克思分析和研究了资本主义社会的经济基础从而发现了剩余价值，指出无产阶级同资产阶级的阶级斗争必然导致无产阶级专政，而这个专政又是从资本主义到共产主义的过渡、演变而来。

马克思作为马克思主义的创始人，他不仅以自己的毕生心血为人类留下了一座巨大的思想理论宝库，同时也在治学方面为人们树立了光辉榜样。

华盛顿：先奋斗，后隐退

乔治·华盛顿（1732—1799），美国首任总统，被美国称为“国父，美国独立战争大陆军总司令。连任两届后自愿放弃权力不再续任，开始隐退。

由于他扮演了美国独立战争和建国中最重要的角色，故被尊称为美国国父，学者们则将他和亚伯拉罕·林肯、伍德罗·威尔逊、富兰克林·罗斯福并列为美国历史上最伟大的总统。他军事经验丰富，家产万贯，闻名遐迩；他外貌英俊，体魄健壮，指挥才能卓越，尤其他那坚韧不拔的性格使他成为统帅的理所当然的人选。在整个战争期间，他忠诚效劳，分文不取，廉洁奉公，堪称楷模。

居里夫人：一心研究，从不在意名利

玛丽·居里（1867—1934），原名玛丽·斯克沃多夫斯卡，通常称为居里夫人，是原籍波兰的法国著名女科学家、物理学家、化学家。1867 年 11 月 7 日生于波兰首都华沙，1891 年随姐姐布洛尼斯拉娃至巴黎读书。在巴黎取得学位并从事科学研究，是巴黎和华沙“居里研究所”的创始人。

居里夫人和她的丈夫都是将自己的一切都无私地奉献给科学事业的伟大科学家。

即使当时法国有关部门对待他们的工作所给予的待遇是不公平的，甚至对于他们的科研成果反应是迟钝的。

后来，在 1900 年，居里还只能为着每个月 500 法郎而在缺乏设备的实验室工作，当时瑞士的日内瓦大学愿以年薪 1 万法郎和教授的待遇聘请他开设物理学讲座。但是为了提炼出纯净的镭而从不考虑金钱和待遇的居里夫妇谢绝了。1903 年底，居里夫妇和贝克勒尔一起被授予诺贝尔物理学奖。

钱学森：一生都在默默治学

钱学森（1911—2009），汉族，生于上海，祖籍浙江省杭州市临安。世界著名科学家，空气动力学家，中国载人航天奠基人，中国科学院及中国工程院院士，中国两弹一星功勋奖章获得者，被誉为“中国航天之父”“中国导弹之父”“中国自动化控制之父”和“火箭之王”，由于钱学森回国效力，中国导弹、原子弹的发射向前推进了至少 20 年。

毛泽东对他的评价为：“美国人把钱学森当成 5 个师，在我看来，对我们说来钱学森比 5 个师的力量大多啦。”

钱学森一生默默治学，但无论在什么时代，什么地方，他所选择的，既是一个科学家的最高职责，也是一个炎黄子孙的最高使命。他一生的经历和成就，在中国的国家史、华人的民族史和人类的世界史上，同时留下了耀眼的光芒，照亮了来路。作为中国航天事业的先行人，他不仅是知识的宝藏、科学的旗帜，而且是民族的脊梁、全球华人的典范，他向世界展示了华人的风采。

罗斯福：做好自己，然后引领国人

富兰克林· 德拉诺·罗斯福（1882—1945），美国第 32 任总统，美国历史上唯一蝉联四届的总统。美国历史上最伟大的 3 位总统之一，同华盛顿、林肯齐名。

在罗斯福首次履任总统的 1933 年初，正值经济大萧条的风暴席卷美国的时候，到处是失业、破产、倒闭、暴跌，到处可见美国的痛苦、恐惧和绝望。罗斯福却表现出一种压倒一切的自信，他在宣誓就职时发表了一篇富有激情的演说，告诉人们：“我们惟一害怕的就是恐惧本身。”

在 1933 年 3 月 4 日，那是个阴冷的下午，新总统的决心和轻松愉快的乐观态度，“点燃了举国同心同德的新精神之火”。他提出了旨在实现国家复兴和对外睦邻友好的施政方针。罗斯福入住白宫后，对内积极推行以救济、改革和复兴为主要内容的“罗斯福新政”。“新政”抛弃了传统的自由放任主义，加强政府对经济领域的干预，实行赤字财政，大力发展公共事业来刺激经济。

爱迪生：发明之路就是康庄大道

托马斯·阿尔瓦·爱迪生（1846—1931），世界著名的美国发明家、物理学家、企业家，拥有众多知名重要的发明专利超过 2000 多项，被传媒授予“门洛帕克的奇才”称号！他是人类历史上第一个利用大量生产原则和电气工程研究的实验室来进行从事发明专利而对世界产生重大深远影响的人。

爱迪生酷爱发明，他头脑灵活，从小喜欢提各种问题，对任何未知的事物都十分感兴趣。长大之后，他逐渐走上引人注目的发明之路，并且开始不断取得成就。在他看来，发明之路就是属于他的康庄大道。

爱迪生同时被誉为“光明之父”、“现实中的普罗米修斯”、“发明大王”，在美国他拥有白炽灯、留声机、碳粒电话筒、电影放映机、电影摄影机、钨丝灯泡、电话等 2000 多项发明专利。当然，爱迪生在发明之路上遇到过千万次的失败，但是他说：“失败也是我需要的，它和成功对我一样有价值。只有在我知道一切做不好的方法以后，我才知道做好一件工作的方法是什么。”

达尔文：乐观是希望的明灯

查尔斯·罗伯特·达尔文，英国生物学家，进化论的奠基人。1831 年毕业于剑桥大学后，他的老师亨斯洛推荐他以“博物学家”的身份参加同年 12 月 27 日英国海军“小猎犬号”舰环绕世界的科学考察航行。这次航海改变了达尔文的生活。回到英格兰后，他一直忙于研究，立志成为一个促进进化论的严肃的科学家。

达尔文乐观治学，在各方面都显示出了“巨人”特质。他说：“乐观是希望的明灯，它指引着你从危险峡谷中步向坦途，使你得到新的生命、新的希望，支持着你的理想永不泯灭……谈到名声、荣誉、快乐、财富这些东西，如果同友情相比，它们都是尘土。”

之后，达尔文出版《物种起源》这一划时代的著作，提出了生物进化论学说，从而摧毁了各种唯心的神造论和物种不变论。除了生物学外，他的理论对人类学、心理学、哲学的发展都有不容忽视的影响。恩格斯将“进化论”列为19世纪自然科学的三大发现之一。

富兰克林：让长处变得更长

本杰明·富兰克林（1706—1790），资本主义精神最完美的代表，18世纪美国最伟大的科学家和发明家，著名的政治家、外交家、哲学家、文学家和航海家以及美国独立战争的伟大领袖。

富兰克林拥有很多光鲜的头衔，涉足于很多领域，且在那些领域都取得了耀眼的成绩。所以说，他是一个能够发现自己长处，且可以将长处变得更长的人。

他是一位优秀的政治家，是美国独立战争的老战士。他参加起草了《独立宣言》和美国宪法，积极主张废除奴隶制度，深受美国人民的崇敬。他是美国第一位驻外大使（法国），所以在世界上也享有较高的声誉。

富兰克林是探索电学的先驱者之一，在电学、数学、光学和热学方面都有巨大成绩。此外，他还发明了摇椅，避雷针，改进了路灯；发现了墨西哥湾的海流；制定了新闻传播法；最先绘制暴风雨推移图；发现人们呼出气体的有害性……

富兰克林还是一位杰出的社会活动家。他一生用了不少时间去从事社会活动。富兰克林特别重视教育，他兴办图书馆、组织和创立多个协会都是为了提高各阶层人的文化素质。正当他在科学研究上不断取得新成果的时候，由于英国殖民者的残暴统治，北美殖民地的民族解放运动日益高涨。1787年，他积极参加了制定美国宪法的工作，并组织了反对奴役黑人的运动。

切·格瓦拉：一生都在寻找自己

切·格瓦拉，1928年6月14日出生于阿根廷的罗萨里奥，极富传奇色彩的拉丁美洲马克思主义革命家。他参加了菲德尔·卡斯特罗领导的古巴革命，推翻了亲美的巴蒂斯塔独裁政权。在古巴革命政府担任了一系列要职之后，格瓦拉于1965年离开古巴，到刚果（金）、玻利维亚等国试图发动共产主义革命。

1967年10月8日，因内奸泄密，格瓦拉及游击队小分队在丛林中遭玻利维亚政府军伏击，格瓦拉受伤被捕。次日，格瓦拉被杀害。死

中遭玻利维亚政府军伏击，格瓦拉受伤被捕。次日，格瓦拉被杀害。死后，他一直被视为国际共产主义运动的英雄和左翼人士的象征。有大量关于他的文艺作品。

当他还是一个学生的时候，格瓦拉时常利用假期在拉丁美洲周游。1951 年，和朋友阿尔贝托·格拉纳多历时 1 年环游整个南美洲。期间，切·格瓦拉还在秘鲁的一个麻风病人村作了几个月的义工。

在这次旅行中，格瓦拉开始真正了解拉丁美洲的贫穷与苦难，他的国际主义思想也在这次旅行中渐渐定型，他开始认为拉美各个独立的国家其实是一个拥有共同的文化和经济利益的整体，倘若革命则需要国际合作。离家 8 个月后，他在一篇日记中他写到：“写下这些日记的人，在重新踏上阿根廷的土地时，就已经死去。我，已经不再是我。”

后来，他辗转于在危地马拉，格瓦拉结识了许多由于反抗独裁统治者而被迫流亡的革命者，格瓦拉与这些革命者一起投入保卫阿本斯政权的斗争，积极为阿本斯民主政府服务。那时，他是军医身份。1955 年，他重返古巴进行武装斗争，彻底从医生转变为了一名战士……

心灵修养用语微解

自知：自知，就是认识自己；自己明了；或自然知晓。有自知之明的人不抱怨别人，懂得命运的人不埋怨天。

清醒：形容词为(头脑)清楚，明白。动词为（神志）由昏迷恢复正常。3.使（头脑）清楚，冷静。

空虚：空虚是指百无聊赖、闲散寂寞的消极心态。即人们常说的“没劲”，是心理不充实的表现。当人们长期生活在空虚状态中，不满足本性遭到长期打压，就会产生抑郁病，忧郁症，孤独症等病态。

淡然：常用义为淡泊，不趋名利。在对人生的态度里，淡然就是淡泊一切名利，“得意淡然，失意坦然”。这一态度在许多诗词中都有所体现。此外，淡然还有“淡漠”和“形容颜色浅淡”的意思。

淡泊名利：淡：不重视；泊：古代停船叫泊，就是把追名逐利的追和逐放在一起。淡泊名利，就是“名利于我如浮云”的意思。淡泊并不是力不能及的无奈，也不是心满意足的自赏，更不是碌碌无为的哀叹，淡泊就是超脱世俗的诱惑和困扰，实实在在地对待一切，豁达客观地看待一切的生活。

勇往直前：意为毫无畏惧地一直向前。语出李贽《史阁叙述》附 明 刘东星《史阁款语》：“动步不敢，见勇往直前者则指为轻进。”《儿女英雄传》第三九回：“ 子路 那副勇往直前的性儿，却又不能体会到此。”茅盾《陀螺》：“丧失了勇往直前生活下去的气概，是人生斗争中的败军心理。”

心胸开阔：思想，气量。思想坦率接受力强，并非小心眼，心智并不狭窄。宋·朱熹《答吕子约》：“便自胸次开阔，黑白分明。”

梦想：意指梦中怀想、理想等梦想，是人类对于美好事物的一种憧憬和渴望，有时梦想是不切实际，但毫无疑问，梦想是人类最天真最无邪最美丽最可爱的愿望。

满足： 指对某一事物感到已经足够。《南齐书·张敬儿传》：“（敬儿）自称三公。然而意知满足，初得鼓吹，羞便奏之。”《儿女英雄传》第十三回：“此去寻的着那十三妹，我才得心愿满足。” 谢觉哉《团结·谦虚，进步》：“口里说得好，实际不去做，满足于谈大的，忽视自己所做的具体工作，都是不容许的。” 梁斌《红旗谱》四三：“她对于过去的生活，再也不感到满足。”

执着： 也作“执著”，原为佛教语，指对某一事物坚持不放。泛指固执或拘泥，亦指对某种事物追求不舍。

自知： 自己了解自己。明：看清（明白）事物的能力。意思是对自己的优点和缺点都有透彻的了解。指了解自己的情况，对自己有正确的估计。《老子》第三十三章：“知人者智，自知者明。”《韩非子》：“楚庄王欲伐越，庄子谏曰：‘王之伐越何也？’曰：‘政乱兵弱。’庄子曰：‘臣患智之如目也，能见百步之外而不能自见其睫。王之兵自败于秦、晋，丧地数百里，此兵之弱也。楚蹻为盗于境内，而吏不能禁，此政之乱也。王之弱乱非越王之下也，而欲伐越，此智之如目也。’王乃止。故知之难，不在见人，在自见。故曰：‘自见之谓明。’

直面: 当面；直接面对；直面而行，直面人生。 鲁迅的《记念刘和珍君》载:“真的猛士，敢于直面惨淡的人生，敢于正视淋漓的鲜血.”

身残志坚： 身残，指身体有某些方面的缺陷，志坚，指意志坚强，志向坚定，一般形容一个人虽然身体虽然有残疾，意志却依然坚定依然坚持自己的志向并为之不懈的奋斗着。

嫉妒： 嫉妒是指人们为竞争一定的权益，对相应的幸运者或潜在的幸运者怀有的一种冷漠、贬低、排斥、甚至是敌视的心理状态。

抱怨： 心中怀有不满，责怪别人。《晋书·刘毅传》：“诸受枉者，抱怨积直，独不蒙天地无私之德，而长壅蔽於邪人之铨。”

同舟共济： 舟：船；济：渡，过河。意思是坐一条船比喻在困难时，

大家同心协力，共同渡过难关。也作“同舟而济”。

永不放弃：表示决定了的事情一定会尽全力去做，不达目的不罢休的一种精神。

反省：反省意指检查自己的思想行为，检查其中的错误。也是“反省心理学”中的专业词汇，意思是指对自身已往心理活动的回忆。

完美：指完备美好；没有缺陷，是心里遐想的世界，现实中并不存在，是人们渴望得到并追求的一种理念和动力，是存在思想中的。宋司马光《太子太保庞公墓志铭》：“至於庐舍饮食，无不尽心为之驱处，使皆完美。”

本色：物品没有经过染色的原来的颜色。指本来面目。陈师道《后山诗话》：“退之以文为诗，子瞻以诗为词，……要非本色。”

宽容：宽容，即允许别人自由行动或判断；耐心而毫无偏见地容忍与自己的观点或公认的观点不一致的意见。宽大有气量，不计较或不追究。

思考：思考源于主体对意向信息的加工。人之思考是自己心智对意向——信息内容的加工过程。任何思考的进行都是在联想——连锁反映中进行的推理与演算——信息内容的加工。如：相似联想、接近联想、对比联想、因果联想等等。

大度：心胸宽广，大度常和宽容一起使用，宽容大度，宽容大度是一种美德，他要求人清心寡欲。“人之心胸，多欲则窄，寡欲则宽。”小肚鸡肠，难容他人者都是自私自利之徒。